温暖化で日本の海に何が起こるのか

水面下で変わりゆく海の生態系

山本智之　著

ブルーバックス

カバー装幀／芦澤泰偉・児崎雅淑
カバー写真／共同通信社
本文デザイン・図版制作／鈴木知哉+あざみ野図案室

まえがき

海に囲まれた日本列島で、私たちは魚や貝、海藻などの豊かな恵みを受けて暮らしてきました。和食の「だし文化」を支えてきたコンブも、その一つです。ところが、地球温暖化によって、日本のコンブは激減し、いくつかの種類は消滅してしまう可能性があるというショッキングな予測研究の結果が、２０１９年に発表されました。

食卓になじみ深い魚であるサケも、このまま海の温暖化が進むと、国内の漁獲量が大幅に減る可能性があります。寿司ダネとして人気が高いクロマグロやホタテガイも、海水温が高くなると今のようには食べられなくなるかもしれません。そして、「秋の味覚」としておなじみのサンマは、旬が冬にずれこみ、サイズが小さくなると予測されています。

「海」と「温暖化」――。この2つの言葉を聞いて多くの人々がイメージするのは、海面が上昇して水没の危機に直面する南の島国や、南極海の棚氷の崩壊といった「遠い場所の出来事」ではないでしょうか。しかし、温暖化は、私たちに身近な日本の海、そして、長年親しんできた海の幸にも将来、大きな変化を及ぼすことが、科学研究によって明らかになりつつあります。

暖海系の魚であるサワラが日本海で大量に漁獲されるようになったり、フグの分布海域が変化したりと、海水温の上昇にともなう海の異変は、すでに国内各地で報告されています。

日本近海の平均海面水温は、１００年あたり約１・１℃と、世界平均を上回るペースで確実に上昇し続けています。日本の海の温度は、昔に比べて全体的に「底上げ」されているのです。しかし、「水面下の世界」で生じる異変を、陸上に暮らす私たちは見過ごしてしまいがちです。たとえば、陸上で森林が破壊されれば人目につきやすいですが、海藻の茂みがつくる「海中の森」が水面下で消失しても、なかなか気づきにくいのです。

日本列島に沿って、サンゴの分布が北上しつつあります。その一方で、日本最大のサンゴ礁域である石西礁湖《せきせいしょうこ》では近年、高い水温による白化《はっか》現象が引き金となり、７割のサンゴが死滅したことが報告されました。こうした出来事は、日本の海にこれから起こる大きな変化の、いわば「序章」といえるでしょう。サンゴ礁は、地球の表面積の０・１％にすぎませんが、そこには９万種を超える生物が暮らしています。「海の熱帯雨林」とよばれるサンゴ礁の衰退は、生物多様性の危機に直結する大きな問題です。そして、温室効果ガスの排出がこのままのペースで続くと、日本のサンゴは最悪の場合、２０７０年代に全滅する可能性があるとの予測研究もあります。

私は新聞記者として約20年間、科学報道に従事し、国内外の海を訪ねて研究者への取材を重ねてきました。たとえば、沖縄の海で大規模な白化現象が起きた際には、現場海域に潜水し、白化のようすをつぶさに観察しました。そして、危機に瀕するサンゴ礁生態系について、研究機関との共同調査を進め、その実態に迫りました。

日本の海の生き物に、いまなにが起きているのか。そして、その将来像とは？　取材現場での経験も交え、できるだけ具体的に、そして、わかりやすく解説するよう心がけました。

温暖化と同時に進む「もう一つの問題」もあります。海の「酸性化」です。大気中の二酸化炭素が増えると、海に溶け込む量も増え、海水の化学的な性質を変えてしまいます。海の酸性化が進むと、炭酸カルシウムの殻や骨格をもつ生物が暮らしにくくなり、将来は、寿司ダネとしておなじみのアワビやウニ、水族館で人気のクリオネたちの暮らしも脅かされる可能性があります。

酸性化が生物に与える影響は、おもに飼育実験などを通じて調べられている段階ですが、そうした最前線の研究・実験の現場にも足を運びました。伊豆諸島の式根島には、海底から二酸化炭素ガスが吹き出す「天然の実験場」があり、酸性化が生態系に与える影響が調査・研究されています。私はその現場海域でも、２０１９年に潜水取材をおこないました。

海の環境問題をめぐっては、海洋プラスチックごみへの関心が近年、国内外で非常に高まっています。とても素晴らしいことですが、海が抱えている問題がそれだけにとどまらないことを、本書を通じて知ってもらえたらと思います。

温暖化や酸性化が進む「未来の海」は、どのような姿になるのでしょうか。そして、私たちの食卓はどう変わっていくのでしょうか。まずは、その研究現場の一つを覗いてみましょう。

もくじ

プロローグ――「未来の海水」が教えてくれること

潮の香りを含んだ、さわやかな風が吹き抜ける。太平洋を望む伊豆半島の海辺。透明なお茶筒のような水槽が、ずらりと並んでいた。筑波大学の下田臨海実験センター（静岡県下田市）。これは、「未来の海水」をつくるための実験装置である。

円形の水槽は、直径約80㎝。アクリル製で、容量は約500Lだ。水槽内に溜められた海水が、朝の日差しを反射してキラキラと輝いていた。

円形水槽は3基ずつ、四角い大型トレーの中に置かれている（**写真0-1**）。手前の水槽に入っているのは「現在」の海水だ。そして、真ん中の水槽は「2100年ごろ」、奥の水槽には「2150年ごろ」の海水が、それぞれ入っているという。タイムマシンが使えるわけでもあるまいし、どういうことなのか？

じつは、3基の水槽内の海水は、いずれも同実験センターの近くの海からポンプで汲《く》み上げたものだ。ただし、それぞれの水槽ごとに、海水に送り込む気泡に含まれる二酸化炭素（CO_2）の濃度を変えてある。

人間活動の影響で、大気中の二酸化炭素濃度は上昇し続けている。人類が石炭を大量に使いはじめた産業革命以前は約278ppm（ppmは100万分の1）だったが、近年は400ppmを超す。そして将来、その濃度はさらに高まり、海に溶け込む二酸化炭素の量も増加の一途をたどると予測されている。その結果、海に暮らす生物たちにどんな影響が出るのか？——それを明らかにするのが、この実験の目的だ。

それぞれの水槽の内部には、太さが5㎜ほどの黒いチューブが引き込まれている。チューブの先端にはエアーストーンがあり、そこから白く細かい泡が静かに湧き上がっている。「現在」の水槽に吹き込まれている気泡は、通常の大気そのまま。二酸化炭素濃度でいうと、約400ppmだ。

一方、将来の大気中の二酸化炭素濃度が実際にどのくらいのレベルになるかは、人間活動によって今後、どの程度の温室効果ガスが排出されるかというシナリオによっても大きく異なるので、確かなことはいえない。この実験では、今世紀末と来世紀半ばを想定した「未来の海水」の条件を、それぞれ約800ppm、約1200ppmとしてある。

写真0-1

3基ずつ並べられた実験用の円形水槽（静岡県下田市、山本智之撮影）

●「海洋酸性化」とはなにか

世界の海の表層海水は現在、pH（水素イオン濃度指数）が約8・1の弱アルカリ性だが、海に溶け込む二酸化炭素の量が増えるにつれて、海水のpHは確実に低下していく。「海洋酸性化」とよばれる現象だ。

酸性化は、海の生物にどう影響するのか。筑波大学の濱健夫さん（現・名誉教授）らの研究チームは、その答えを探る実験を下田の施設で続けてきた。この実験をおこなううえでは、人工海水よりも、さまざまな種類のプランクトンを含んだ、目の前の海の水を汲んで使ったほうが好都合なのだという。

「なるべく自然に近い状態で実験したい。だから、水槽を屋外に置きました。太陽の光が差し込む、浅い海と同じ条件です」

実験施設を案内しながら、濱さんが説明してくれた。濱さんの専門は生物地球化学で、おもに海の炭素循環を研究してきた。海洋酸性化の影響を探る実験を下田ではじめたのは2008年。ちょうど、世界の多くの研究者がこの問題の深刻さに注目するようになった時期だ。

「それまでは、海による二酸化炭素の吸収は、温暖化の進行を遅らせてくれる、いわば良い現象だと考えられてきました。しかし、二酸化炭素を吸収することで、海の環境そのものが大きく変

わってしまうことがわかってきたのです」（濱さん）

増減する海のプランクトン

第4章で詳しく触れるように、海の酸性化は貝類やサンゴなどの「石灰化生物」に大きな影響を与えると考えられ、それらの生物を対象にした実験研究が国内外で進められている。一方、濱さんらのグループは、酸性化が植物プランクトンにどのような影響を与えるかに注目し、実験を重ねてきた。その結果、明らかになったのは、海の酸性化が進むと、植物プランクトンの中でも種類によって、数が増えるものもあれば、逆に減るものもあるということだ。

円形水槽を使った実験では、海水を人工的に酸性化させると、直径が2㎛（1㎛は1000分の1㎜）に満たない小型種の植物プランクトンの組成比が高まることがわかった。季節などの条件によってもデータは異なるが、実験開始から1ヵ月で、800ppmの条件下では通常に比べて最大で約2・7倍、1200ppmでは約3・5倍に増えた。

その一方、直径が6㎛を超す大きめの植物プランクトンの組成比は、800ppmでは通常に比べて半減、1200ppmでは通常の約1割へと激減することが確認された（**図0-2**）。

これらの実験結果は、海の酸性化が進むことで、植物プランクトンの種類の入れ替わりが起こる可能性を示している。全体として、植物プランクトンのサイズが小型化していくという方向性

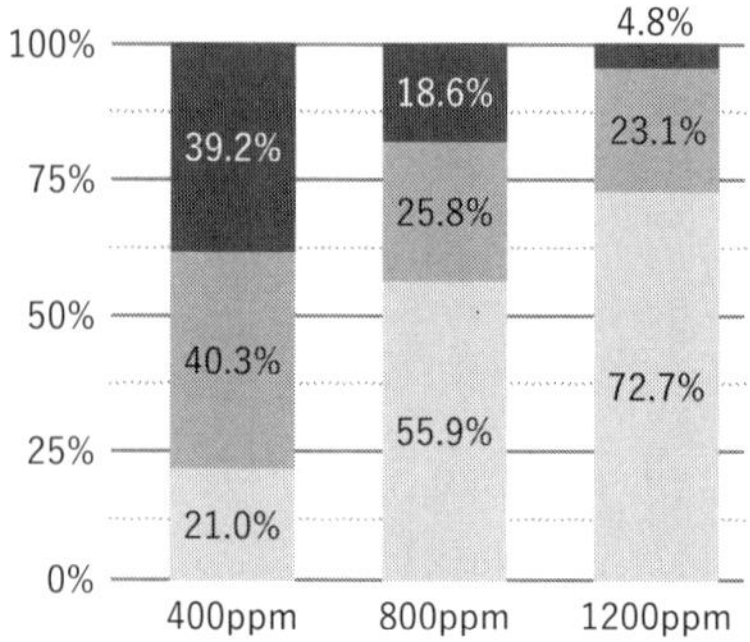

図0-2 実験条件のCO_2濃度と植物プランクトンのサイズ組成（濱健夫さん提供、四捨五入のため小数点以下の合計は一致しない）

がみられた。２０１１年にノルウェーの研究グループが、２０１７年にはドイツの研究グループも、酸性化が進むと直径２μm以下の植物プランクトンの組成比が高まるとの研究結果を発表しており、筑波大チームの実験結果と符合する。だが、酸性化が進むことで、なぜプランクトンの種類によって増えたり減ったりするのかという詳しいメカニズムの解明は、今後の課題だ。

「海の食物連鎖」が変わる!?

植物プランクトンは、光合成によって栄養をつくり出し、海の生態系を支えている。海における「食物連鎖」は実際には非常に複雑だが、たとえば、植物プランクトン→動物プランクトン→小型魚→大型魚という流れにおいて、その基底として欠かせない存在である。

海中を漂う植物プランクトンのうち、サイズの大きな種類が姿を消し、小型の種類ばかりが増えると、海の食物連鎖における「食う／食われる」のステップ数が増える。一般に、各ステップの生物によって、栄養の多くが活動エネルギーとして消費されてしまう。したがって、食物連鎖がより小さなプランクトンからスタートし、栄養段階のステップ数が増えれば、途中段階でのロスが多くなり、生態系の上位にいる生物たちに栄養が届きにくくなると考えられる。

このように、植物プランクトンの小型化は、食物連鎖の構造を根底から変えてしまう。濱さんは「大型の魚へ運ばれる栄養が、今よりも少なくなる可能性がある。ブリやマグロ、サケといった大型魚類が成長しにくくなり、漁獲量が減るおそれがある」と指摘する。

漁業への影響だけではない。植物プランクトンの死骸などの有機物は、深海に運ばれることで、炭素を海の深い場所へ溜め込む働きをも担っている。大気中の二酸化炭素を有機物に変え、それを海の深い場所へと輸送してくれるのだ。植物プランクトンが小型化すると、このはたらきも弱まってしまう。

なぜなら、直径の大きなプランクトンほど、海の表層から海底に向けての沈降スピードが速く、小さいプランクトンは遅いという性質があるからだ。結果として、大気中の二酸化炭素を海が吸収する効率が落ちてしまい、温暖化のペースがさらに加速してしまう可能性がある。

人間活動にともなって大気中に大量の二酸化炭素が放出され続けるかぎり、温暖化も、海の酸性化も進行し続ける。

「化石燃料の消費による二酸化炭素の増加を、なんとか食い止めなければならない。実験を通じて、そのことをあらためて強く感じた」（濱さん）

地球規模で進行する気候や環境の変化は、陸上だけでなく、海の生物にも将来、大きな影響を及ぼすと懸念されている。陸上で暮らす私たちにとって、水面下の変化に気づくことは容易ではないが、海の異変はさまざまなかたちで、すでに顕在化しつつある。

いったいなにが起こっているのか？　まずは今、私たちの身のまわりで生じつつある現象から見ていこう。

第1章

「美ら海」からの警鐘

——変貌する「海の熱帯雨林」

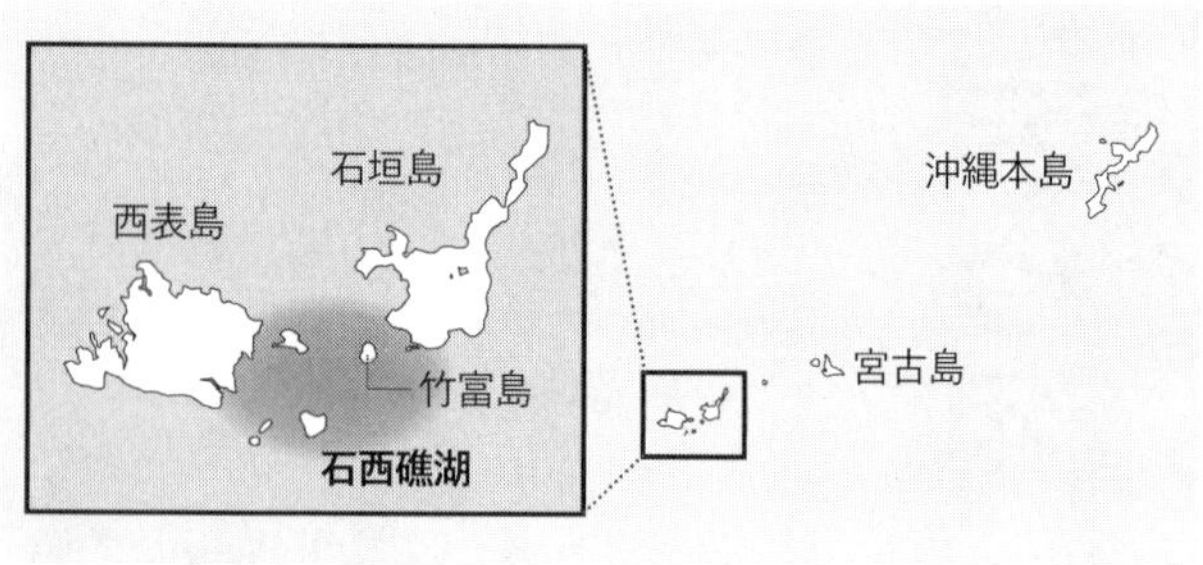

図1-1 石西礁湖の位置

1-1 サンゴ礁を襲う悲劇

海のようすがどこかおかしいのではないか――。多くの人たちに、そんな思いを抱かせる〝事件〟が2016年、沖縄の海で発生した。大規模なサンゴの「白化現象」である。

白化とは、高い海水温などの影響でサンゴが白っぽく変色し、衰弱する現象だ。この年の夏から秋にかけて、日本最大のサンゴ礁域である「石西礁湖」の広い範囲で、海底のサンゴが白化した。翌2017年1月、この海域で「7割のサンゴが死滅した」とする調査結果を環境省が発表し、新聞やテレビで大きく報道された。

それは、日本を取り巻く海の環境をめぐって、「美《ちゅ》ら海」から発せられた警鐘だった。

「日本最大のサンゴ礁」に生じた異変

写真1-2
石西礁湖の一部。島を取り囲むサンゴは「天然の防波堤」でもある（山本智之撮影）

石西礁湖は、沖縄県の石垣島と西表《いりおもて》島のあいだに広がるサンゴ礁の海で、東西約20㎞、南北約15㎞の広がりをもつ。「石垣」と「西表」から1文字ずつをとって「石西」と名づけられた（**図1－1**）。

日本の海に分布する造礁サンゴは、400種余りが知られている。このうち、石西礁湖を含む八重《やえ》山《やま》諸島の海では360種を超す。世界的にみてもサンゴの種類が豊富な海域で、日本が誇る「生物多様性の宝庫」といえる。テーブル状や枝状など、さまざまな形のサンゴが折り重なるようにして美しい海中景観をつくり出し、色とりどりの魚たちが集まる。

多くのダイバーたちを魅了する石西礁湖は、観光資源として重要なだけでなく、ブダイ類やハタ類などの食用魚、貝類など、豊かな海の幸をもたらしてくれる漁場でもある。また、島を取り囲むサンゴには、高波から島を守る「天然の防波堤」としての機能もある（**写真1－2**）。

サンゴは、幼生期に海を漂い、流れ着いた場所の海底に着底して育つ。このため、サンゴの数も種類も豊富な石西礁湖は、周辺海域への「幼生の供給源」としても重要だ。しかし、その貴重な石西礁湖のサン

写真1-3
白化現象が発生し、白っぽく変色した石西礁湖のサンゴ(2016年8月、環境省提供)

ゴを深刻な危機が襲ったのだ。

「9割白化、7割死滅」の衝撃

環境省は、石西礁湖内の35ヵ所で継続的にサンゴの状態を調査した。2016年7~8月の段階で、白化率はすでに89・6%にのぼり、海底には白く変わり果てたサンゴが多数見られた(**写真1-3**)。ただし、この時点ではまだ、死んだサンゴ群体の割合は全体の5・4%にとどまっていた。

白化現象それ自体は、「サンゴの死」とイコールではない。いったん白化して衰弱したサンゴも、高かった海水温が下がるなど環境条件が改善すれば、ふたたび健全な状態に戻ることがある。しかし、11月末には、ほぼすべてのサンゴが死滅した海域も見つかった。死んだサンゴの割合はさらに増え、70・1%に達した。

深刻な白化現象が起きた直接の原因としては、6~9月にかけて30℃を超すような高い海水温が続いた影響が大きい(**図1-4**)。夏場でも、台風が来れば海水が上下にかき混ぜられて、海水温は低下する。し

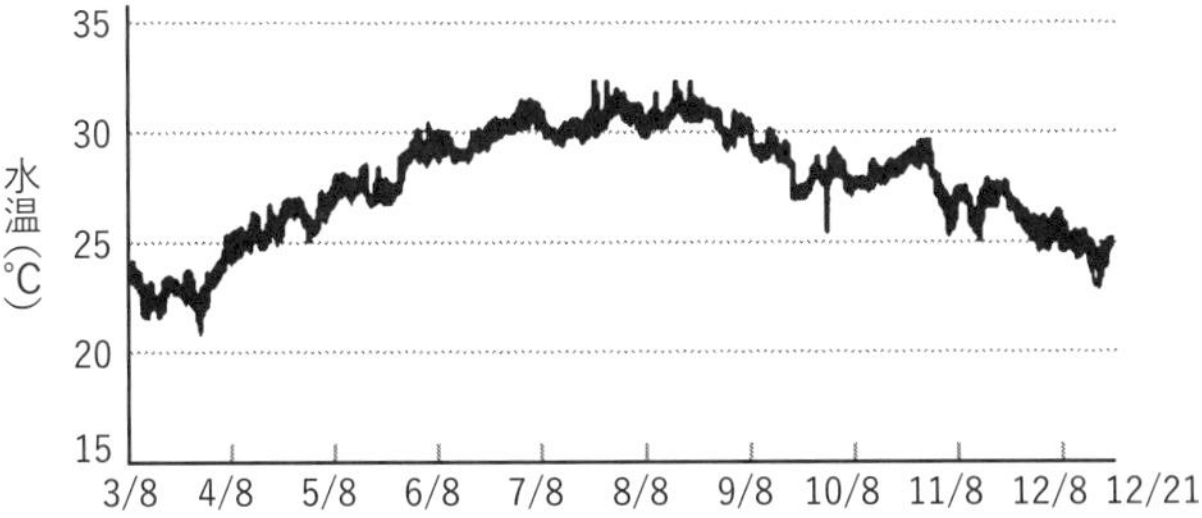

図1-4　石西礁湖の海水温　6月から9月にかけて30℃を超す高い海水温が続き、大規模な白化現象の原因になった（2016年、環境省提供）

かし、沖縄気象台によれば、石西礁湖を含む八重山地方はこの年、９月の前半まで台風がほとんど接近しなかった。高気圧に覆われて晴天が多く、海水温の高い状態が続いてしまったのである。

死にゆくサンゴが放つ「断末魔の輝き」

石西礁湖やその周辺のサンゴ礁で大規模な白化現象が起きたのは、２０１６年が初めてではない。２００７年にも、かなり深刻な被害に見舞われたことがある。私はその年の８月、石垣島の沿岸で潜水取材をおこなった。

海底を覆うサンゴの多くは本来、褐色や深緑色をしているが、現場の海底には、色が抜けて真っ白になったサンゴの林が延々と広がっていた。直径が１ｍを超す大きなテーブル状サンゴも、全体に白いペンキを浴びたような姿になっていた。

空気タンクを背負って海に入り、すぐに気づいたことがある。海の中が全体にボーッと明るい光に包まれているのだ。雪をかぶったように白くなったサンゴの林のせいで、海面から差し込む太陽の光が乱反射していたのである。

白化したサンゴは、真っ白なものばかりではない。明るいブルーや淡いピンク色、レモン色のものもある。まるで金平糖のようなパステルカラーへと「変身」したサンゴたちの姿は、正直なところ、これまでに見たことのないような美しさだった。

しかし、こうして白化した状態が長く続けば、サンゴの命はやがて途絶えてしまう。息を呑《の》むように美しく、明るい光に包まれた海中の光景――。それは、死に直面したサンゴたちが放つ、「断末魔の輝き」なのだった。

「焼け野原」のような寂しい風景

大規模な白化現象が起きた翌年の２００８年、私はふたたび石垣島を訪ねた。石西礁湖のサンゴの状況を把握するため、国立環境研究所と共同調査をするのが目的だった。

調査では、朝日新聞社機の「あすか」（**写真１－５**）を使って、石西礁湖の上空約３０００ｍを繰り返し飛行した。海面のデジタル写真を高解像度で１０９５枚撮影し、生きたサンゴが占める海底の割合がどのくらいあるのかを算出したのである。その結果、石西礁湖内に残っていた生きたサンゴの面積は６・２㎢であり、５年前の18・７㎢に比べて７割も減っていることが判明した。前年に起きた白化現象の深刻さを物語る調査結果だった。

　この「空からのサンゴ調査」のデータを補う目的で、私は研究者と一緒に石西礁湖内の約30ヵ所の海に潜り、海底のようすを観察した。波のせいで原形をとどめずに崩れてしまったサンゴ群体も多く、がれき状になっている。そうした場所は、魚の数や種類も少なく、文字どおり荒涼とした眺めだった。

写真1-5
「空からのサンゴ調査」に使用した朝日新聞社機「あすか」（©朝日新聞社）

　あの２００７年の大規模白化から9年——。徐々に回復しつつあった石西礁湖のサンゴをふたたび襲ったのが、２０１６年夏の高水温だった。白化を経て死滅したサンゴはもろくなり、いずれ強い波によって砕かれて「がれき化」してしまう。かつて私が目にした、焼け野原のような寂寞《せきばく》とした海中の光景が、またも繰り返されることとなったのである。

　環境省は２０１８年5月、石西礁湖とその周辺のサンゴの状況について発表をおこなった。海底を覆う生きたサンゴの割合が50％以上を占める良好な状態の場所は、石西礁湖のわずか１・４％しか残っていない、という驚くべき調査結果だった。

　サンゴの被度が高い良好な状態の場所（高被度域）は、１９

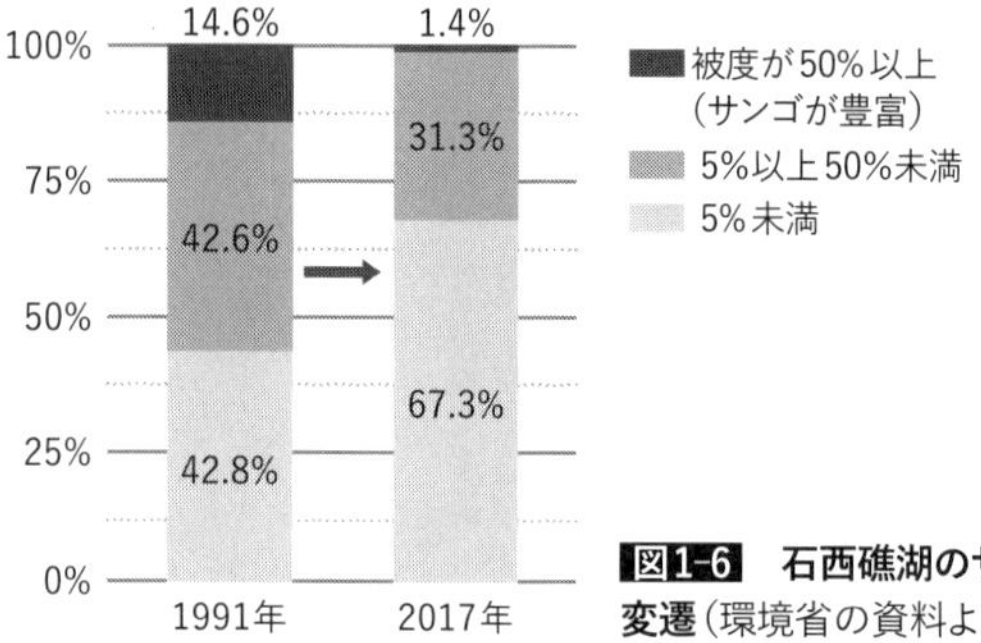

図1-6　石西礁湖のサンゴ被度の変遷（環境省の資料より抜粋）

91年の石西礁湖の調査では14・6%を占めていた。2つの数字を並べると、その落差が際立つ。一方、サンゴの被度が5%未満の場所（低被度域）は、1991年には42・8%だったが、2017年は67・3%へと拡大した（**図1-6**）。

サンゴは本来、しぶとい生物だ。コンクリート製の波消しブロックや浮桟橋といった人工物の表面にも付着し、たくましく育つ。そして、ポロリと折れた小さな枝からも、見事な群体をつくり上げる。

しかし、温暖化が進み、大規模な白化現象が短い年数のうちに繰り返し起こるようになれば、サンゴの森がダメージから回復し、元の姿を取り戻すのは難しくなるだろう。

「海の熱帯雨林」に迫る危機

「サンゴ」と「サンゴ礁」はよく混同される言葉だが、前者は生物、後者は地形を意味している。海底にサンゴが生えていても、そこがサンゴ礁であるとは限らない。たとえば、千葉県の房総半島沖にも、岩の上にサンゴが生えている場所はあるが、サンゴ礁とはよばない。

石灰質でできたサンゴや貝類、有孔虫《ゆうこうちゅう》などの骨格や殻が長い年月をかけて堆積し、形成された地形がサンゴ礁だ。石西礁湖の場合、長い年月をかけて大量に積み重なった石灰質の層の上に、生きたサンゴが生えている。

健全なサンゴ礁には、大小さまざまな種類の魚たちが集まる（**写真1－7**）。サンゴ礁の面積は地球の表面積の0・1％を占めるにすぎないが、そのわずかな面積に、海産魚種の4割が生息するという推計もある。

貝類やウミウシなどの軟体動物、エビやカニなどの節足動物、ウニやヒトデなどの棘皮《きょくひ》動物——。その生物多様性の高さから、サンゴ礁は「海の熱帯雨林」とよばれる。

温暖化が進み、海水温が高くなるにつれて、石西礁湖で起きたようなサンゴの大規模な白化現象は今後、世界各国の海で頻発する可能性が高い。そして、サンゴ礁生態系が直面する危機とは、すなわち「生物多様性の危機」である。

サンゴの体内には「褐虫藻《かっちゅうそう》」という微細な藻類が暮らしており、サンゴに栄養を与えている。しかし、高水温などのストレ

写真1-7
健全なサンゴ礁にはさまざまな魚たちが集まる
（豪グレートバリアリーフ、山本智之撮影）

スが加わると、この褐虫藻が大幅に減り、その結果、サンゴの骨格が白く透けて見えるようになる。これが、白化現象の基本的なしくみだ。

サンゴを語るうえで不可欠な褐虫藻については、次節で詳しく紹介することにしよう。

1-2 「共生」が織りなす豊かな生態系

「褐虫藻」とはなにか

サンゴ礁の海に潜ると、色鮮やかな魚たちが出迎えてくれる。チョウチョウウオ類やベラ、ブダイの仲間とともに目を引くのが、クマノミの仲間だ（**写真1-8A～C**）。大型のイソギンチャクと共生する姿が見られる。

しかし、サンゴ礁の海で繰り広げられている「共生」は、こうした私たちの目に触れやすいものばかりではない。顕微鏡を使うと観察できるが、サンゴそのものの体内にも、「褐虫藻」という微小な単細胞の藻類が共生している（**写真1-9**）。

褐虫藻の直径は0・01㎜ほどで、サンゴの表面積1㎠あたり100万個前後も共生しており、光合成によってつくり出した栄養をサンゴに与えている。一方、褐虫藻にとってサンゴの体

写真1-8A
カクレクマノミ

写真1-8B
ハマクマノミ

写真1-8C
ハナビラクマノミ
(いずれも慶良間諸島、山本智之撮影)

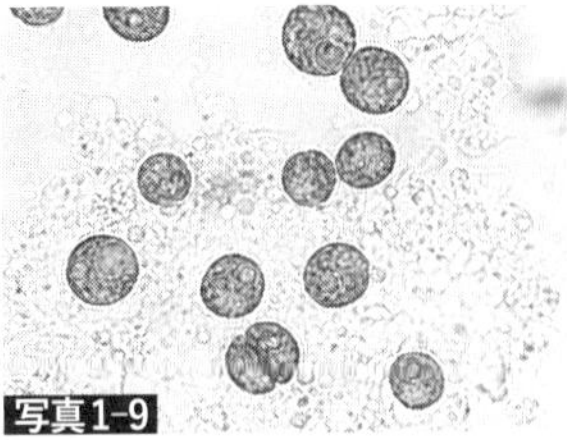
写真1-9
造礁サンゴに共生する褐虫藻(中野義勝さん提供)

内は外敵から身を守ることのできる〝安全な家〟であり、サンゴの老廃物は褐虫藻の栄養になっている。

サンゴは、イソギンチャクと同じ「刺胞《しほう》動物」だ。「動物」であるサンゴの体内に、「植物」である褐虫藻が共生していると聞くと、どこかふしぎな感じがするかもしれない。

正体を突き止めた日本人研究者

顕微鏡で見ると丸い粒にしか見えない褐虫藻だが、じつは赤潮《あかしお》を引き起こすプランクトンとして知られる「渦鞭毛藻《うずべんもうそう》」の仲間で、培養すると鞭毛を生やして泳ぎ出す。渦鞭毛藻は大発生すると、養殖魚を大量死させる。そんな悪名高いプランクトンの仲間が、サンゴの体内でおとなしく暮らしているというのは、意外な事実である。

褐虫藻の正体を突き止めたのは、日本の生物学者・川口四郎博士（１９０８～２００４）だ。１９３０年に東京帝国大学を卒業した川口博士は、日本学術振興会が戦前の１９３４年にパラオに開設した「パラオ熱帯生物研究所」でサンゴの研究に取り組み、戦後は岡山大学教授などを務めた。

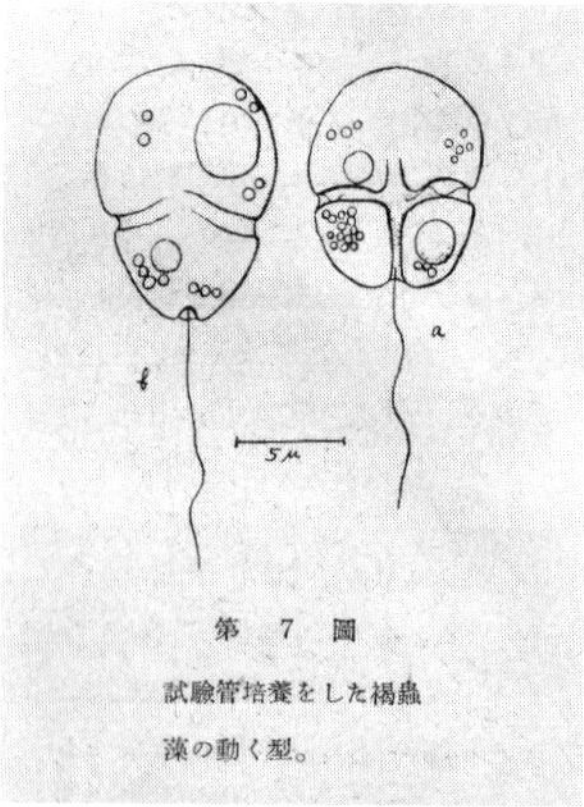

図1-10 鞭毛を生やした褐虫藻のスケッチ（『科学南洋』掲載の論文より）

川口博士のご子息である川口昭彦さん（大学改革支援・学位授与機構名誉教授）に問い合わせたところ、琉球大学と東京大学に当時の貴重な研究資料が残っていることがわかった。琉球大学の日高道雄・名誉教授に当時の論文を見せていただいた。１９４２年の『科学南洋』に掲載された日本語の論文には、褐虫藻の正体を解明した経緯が詳しく記されている。

川口博士は、造礁サンゴ（ミドリイシ類）を細かく割って褐虫藻を取り出し、試験管の培養液に入れて観察した。褐虫藻は海水より比重が大きく、はじめは試験管の底に沈殿したという。その後の状況について、「10時間も過ぎると褐虫藻のあるものが動き始める。器底に着いたまま右廻《まわ》りにぐるぐると早く廻る」と記している。

さらに観察を続けると、培養液の中を泳ぐようになり、拡大して観察すると鞭毛が確認された(**図1-10**)。その独特の形態から、褐虫藻が植物プランクトンの渦鞭毛藻の一種であることを川口博士は見抜いた。そして、「褐虫藻は造礁珊瑚《さんご》から離れても生活し得ることが判明した」と結論づけている。

2年後の1944年には、この研究結果を英語論文として発表し、世界を驚かせた。川口博士はほかにも、サンゴの群体の形が光や水流などの環境要因によってどう変わるのかを明らかにしたり、サンゴのもつ色素について研究したりと、さまざまな先駆的成果を発表している。

「川口博士は、サンゴ生物学の世界的なパイオニア。その仕事は、外国の若い研究者にも大きな影響を与えた」(日高さん)

世界最大の二枚貝とも共生

褐虫藻はサンゴだけでなく、二枚貝にも共生している。代表的なのがシャコガイ類だ。サンゴ礁の海でシュノーケリングをしていると、貝殻を半開きにしたシャコガイが、色鮮やかな外套膜《がいとうまく》を殻の外へ大きく広げているようすをよく見かける。海中に差し込む太陽の光を浴びることで、体内に共生する褐虫藻がさかんに光合成をするのだ。

写真1-11
世界最大の二枚貝「オオシャコガイ」も、体内に褐虫藻を共生させている（山本智之撮影）

シャコガイ類の中でもオオシャコガイ（*Tridacna gigas*）は、世界最大の二枚貝として知られる（**写真1－11**）。成長すると殻の大きさが1mを超え、大きな個体では重さが200kg以上にもなる。このような巨体を維持できるのも、効率的に栄養を得られる「褐虫藻との共生」というライフスタイルのおかげだ。

シャコガイ類以外にも、ザルガイ科のカワラガイ（*Fragum unedo*）やリュウキュウアオイ（*Corculum cardissa*）などの二枚貝に褐虫藻が共生している。クラゲやイソギンチャク、ウミウシの中にも、体内に褐虫藻をもつ種類がいる。幅広い種類の生物が褐虫藻と共生しているというのは、じつに興味深い事実だ。

微妙なバランスが崩れるとき

サンゴと褐虫藻の共生関係は、長年の進化の中で築き上げられてきたものだ。しかし、高水温などのストレスが加わると、

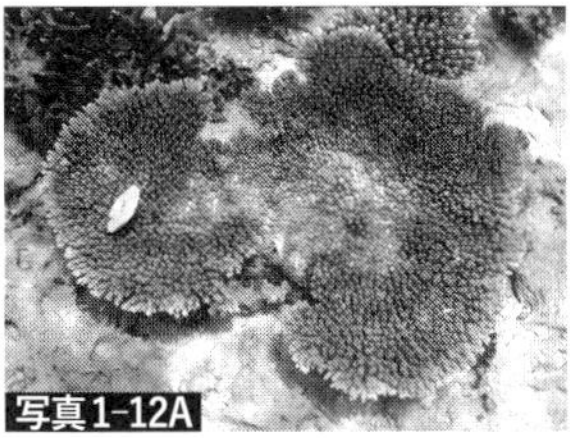

写真1-12A
白化する前の健康なサンゴ（クシハダミドリイシ）

写真1-12B
白化後の状態
（いずれも中野義勝さん提供）

サンゴの体内に共生していた褐虫藻が失われ、白化現象が起きる。

元気な状態のサンゴと、その白化後——。琉球大学の中野義勝さん（現・沖縄科学技術大学院大学）は、沖縄県・瀬底島《せそこじま》沿岸で、同じサンゴ群体の変化を写真に記録した（**写真1－12A、B**）。

濃い色をした見事なテーブル状サンゴも、白化すると無残な白い姿になる。健康なサンゴには、茶色や緑色などさまざまな色のバリエーションがある。しかし、褐虫藻がなくなると褐色が失われ、たとえサンゴの体組織自体の色が残っていても、やがてそれらも消えて完全な白色になる。

サンゴは、自らの触手を使って動物プランクトンを捕まえ、食べることもできる。しかし、実際には、生きていくうえで必要な栄養の大部分を褐虫藻から得ている。このため、白化現象が長引き、褐虫藻の不在が続くと、サンゴは栄養失調に陥《おちい》って死んでしまう。

石西礁湖で大規模なサンゴの白化現象が起きた２０１６年には、オーストラリアのグレートバリアリーフでも、深刻な白化現象の発生が報告されている。

造礁サンゴは、赤道域を中心とした暖かい海に分布するため、暑さに強そうなイメージがあるかもしれない。しかし、生息に適した温度帯は、意外に狭いのが実状だ。白化が起こる環境条件は、サンゴの種類や海域によっても異なるが、石西礁湖の場合、水温が30℃を超すと白化のリスクが急速に高まる。サンゴの白化を招くストレス要因としては、高い水温や強い日差しのほか、淡水や土砂の流入、農薬による海の汚染、バクテリアなどが指摘されており、寒波にともなう低水温も引き金になる。

透明できれいな海、そして、低すぎず高すぎない水温――。微妙なバランスが成り立ってはじめて、サンゴは健全に暮らすことができる。こうした自然のバランスが崩れ、死の危機に直面したとき、サンゴが身をもって発するシグナル。それが、白化現象なのである。

1-3 サンゴの「幼生」に迫る危機

東京水産大学(現・東京海洋大学)の名誉教授・大森信さんは、サンゴの研究で有名な沖縄県の「阿嘉島《あかじま》臨海研究所」の所長を長年にわたって務めた研究者だ。慶良間諸島の阿嘉島に研究所ができた当時、大森さんは「サンゴの産卵を観察したい」と地元の漁師に相談をした。漁師は笑って、こう答えたという。

「石が、卵など産むものか!」

今から30年ほど前のエピソードだ。前述のとおり、サンゴはイソギンチャクなどと同じ刺胞動物だが、その外見から石の一種のように思う人が、当時はまだ存在したのだ。塊状に育つハマサンゴ(*Porites australiensis*)などは、確かに海に沈む大きな岩のように見えなくもない。

同研究所はその後、サンゴを卵から効率よく育てる技術開発で大きな成果を挙げた。造礁サンゴを人の手で増やすには、親サンゴの枝を折って挿し木のように増やす方法もある。これに対し、卵から稚サンゴを育てる手法は、親サンゴの体を傷つけずにすむのがメリットだ。

神秘的なサンゴの「産卵」

サンゴの一斉産卵は、夜の海でおこなわれる。小さな丸い粒が、次々と海底から湧き上がってくる光景は、なんとも神秘的だ(**写真1-13**)。私は阿嘉島の海で夜間に潜水し、産卵の一部始終を目の当たりにした。

海中に生み出される粒はピンク色で、直径1㎜ほどだ。水中ライトで照らし出すと、無数の粒が夜の海中を舞っている。まるで桜吹雪のような光景に、圧倒された。

サンゴの産卵のようすは近年、新聞やテレビでもしばしば取り上げられ、広く一般に知られる

サンゴの産卵

産卵するウスエダミドリイシ。丸い粒は「バンドル」
（いずれも阿嘉島臨海研究所提供）

ようになった。しかし、サンゴが海中に放出する小さな粒のことを、サンゴの「卵」だと誤解している人が多いようだ。

じつは、大半の種類のサンゴにおいて、この粒は卵ではない。複数の卵と精子が集まった塊で、「バンドル」とよばれる（**写真1-14**）。海面に到達したバンドルはそこでばらけ、卵と精子それぞれが、別の群体からきた卵や精子と出会って、受精が起こるしくみだ。

サンゴは動物だが、いったん海底に定着すると、移動せずにその場で成長する。「歩くサンゴ」として知られるクサビライシ類のような例外はあるものの、大部分のサンゴは海底に固着し、一生涯をその場で生活する。陸上の生物でいえば、まるで樹木のような暮らしぶりだ。

しかし、サンゴの「プラヌラ幼生」（**写真1-15**）は数日から数週間、海を漂い続け、かなり遠い場所まで旅をすることができる。幼生は流れに身をまかせ、たどり着いた海底に定着すると、まずは小さなイソギンチャクのような「ポリプ」へと変

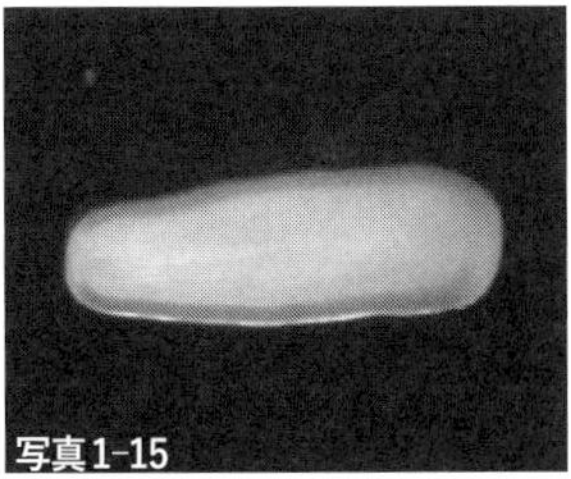

サンゴのプラヌラ幼生（ハイマツミドリイシ）

定着後、約3週間の稚サンゴ。すでに褐虫藻が共生している

（いずれも波利井佐紀さん提供）

態する。そして、体内に炭酸カルシウムの骨格を形成し（**写真1－16**）、大きな群体へと成長していく。

こうしてサンゴは、生まれ故郷から離れた海域にも分布を広げることができる。

温暖化でサンゴになにが起こるか

ところが、地球温暖化が進むと、サンゴはその分布を広げにくくなるおそれが高いことが、最近の研究でわかってきた。

温暖化で海水温が上昇すると、サンゴの受精卵は発生が早く進み、海中を浮遊できる期間が短くなってしまう。琉球大学とオーストラリアのジェームズクック大学の国際共同研究チームが2014年、そんな研究結果を発表した。

研究チームの波利井佐紀・琉球大学准教授らは、沖縄の海に分布するハイマツミドリイシ（*Acropora millepora*）など3種のサンゴを使い、温度条件をさまざまに変えて飼育実験をおこなった。用意したのは、水温が27℃、29℃、31℃の3タイプの水槽だ。27℃の水槽は現在と同じ通常の環境であり、29℃と31℃の水槽はそれぞれ、温暖化が進んだ将来の海の温度条件を想定している。

実験の結果、水温が31℃の条件下では、受精卵が幼生になって海底に定着するまでの期間が、最大で2日間、短くなることが確認された。つまり、温暖化が進むと、サンゴの卵や幼生が旅を続けられる期間が短くなってしまう。当然ながら、海中を浮遊する期間が短くなるほど、サンゴは分布を広げにくくなる。

水温上昇によって浮遊期間が短縮される程度は、サンゴの種類によって差がある。ハイマツミドリイシの場合、通常の条件である水温27℃では、海底に定着するまでの期間が5・5〜5・9日だが、水温31℃では4・1〜4・6日となり、最大で1・8日短くなる。また、カメノコキクメイシ属のサンゴでは、通常は4・4〜5・0日の浮遊期間が3・0〜3・4日となり、最大で2日短くなった。

ある海域で、大規模な白化現象などによってサンゴが壊滅的な被害を受けたとしても、別の海域からサンゴの幼生が流れ着いて成長してくれれば、ダメージを受けたサンゴの森は回復することができる。しかし、海水温が上昇して幼生が遠い海域へ拡散しにくくなれば、離れたサンゴ礁どうしが幼生を供給しあい、サンゴ群集を維持する機能が低下してしまう。サンゴがいったん減ってしまうと、なかなか回復しなくなることが懸念されるのだ。

幼生の死亡率も上昇

さらに気になるのは、水温上昇によって、幼生の死亡率が高まるという実験データだ。フカトゲキクメイシ（*Cyphastrea serailia*）というサンゴは、受精後に幼生が死んで半数になるまでに通常は10日ほどかかるが、水温31℃では6日と、速いペースでどんどん死んでしまった。ハイマツミドリイシの場合も、水温27℃では半数になるまでに14日かかるが、31℃の条件ではわずか2日だった。サンゴの幼生たちが短命になる詳しいしくみは不明だが、いずれも高い水温によってストレスが加わるのが原因とみられる。

水温上昇の影響で幼生が旅をできる期間が短くなり、さらに死亡率も高まるとすれば、サンゴの分布拡大にとってダブルパンチの状況といえる。

「温暖化が進むと、白化現象が頻発して親サンゴが減る。加えて、遠く離れたサンゴ礁から供給される幼生の量も減ることになれば、ますます悪循環に陥る可能性がある」（波利井さん）

1-4 劣化する「海の熱帯雨林」

これまで見てきたように、海水温の上昇は、サンゴの生活史のさまざまな段階で悪影響を与える可能性がある。なかでも、最も深刻で、すでに大きな問題として顕在化しているのは、やはり白化現象にともなう大量死である。

サンゴの白化現象が注目を集めるようになったのは、1997〜98年に世界中で同時多発したからだ。オーストラリアのグレートバリアリーフ、インド洋のモルディブ、インドネシア近海など、40ヵ所以上のサンゴ礁で大規模な白化現象が報告された。高い海水温が直接の引き金で、世界の造礁サンゴの16%が死滅したと推定されている。

石西礁湖のサンゴもこの年、大規模な白化に見舞われている。そして、9年後の2007年、さらに9年後の2016年にも深刻な白化が起き、大量のサンゴが死んだのである。

オーストラリアや米国などの研究チームは、太平洋やインド洋、カリブ海など世界の100ヵ所のサンゴ礁の状況を分析し、「地球温暖化によって白化現象の間隔が短くなっている」とする論文を2018年、米科学誌「サイエンス」に発表した。それによると、サンゴが深刻な白化現象に見舞われる頻度は、1980年代初めまでは平均して25〜30年に1回だったが、近年は5・

9年に1回となり、発生の間隔が短くなっている。

造礁サンゴは、大きなダメージを受けても、10年程度の歳月を経て再生する力をもっている。しかし、大量死を乗り越え、回復の途上にあるサンゴが、ふたたび深刻な白化に見舞われれば、復活のチャンスを奪われ、減少の一途をたどることになる。気候変動に関する政府間パネル（IPCC）は、2018年に発表した特別報告書で、地球温暖化によって世界の平均気温が産業革命前より1・5℃上昇すると、サンゴの生息域の70〜90％が消失し、2℃の上昇では99％以上が失われるとする予測を示している。

写真1-17
サンゴを食べるオニヒトデ（沖縄県・西表島沖、横地洋之さん撮影）

大発生した天敵に襲われて

サンゴにとって大きな脅威となるものが、もう一つある。「天敵」であるオニヒトデ（*Acanthaster* cf. *solaris*）の大発生だ。石西礁湖では、1980年代にオニヒトデが大発生してサンゴを襲い、生きたサンゴの割合が極端に減少した。その被害から回復しつつあった時期に、ふたたびダメージを与えたのが、1998年の大規模白化だった。

オニヒトデは直径が30㎝前後で、十数本の腕をもつ大型のヒトデ

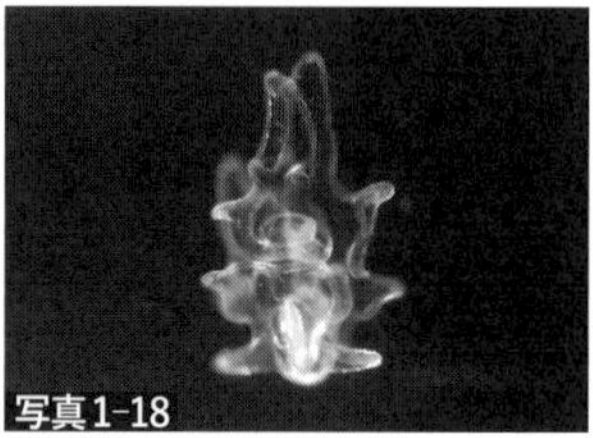

オニヒトデの幼生（ブラキオラリア初期）。全長は0.9mm（岡地賢さん提供）

だ（**写真1－17**）。最大で60㎝に達する。有毒なトゲがあり、刺されて死んだ人もいる。

小さなうちは海藻の仲間（石灰藻類）を食べ、大きくなるとサンゴを好んで食べるようになる。サンゴの軟体部を溶かして吸い取るため、食事の後にはサンゴの真っ白な骨格だけが残される。夜行性だが、大発生すると日中もサンゴを襲い、壊滅的な被害を与える。このため、沖縄本島や石垣島などではオニヒトデを駆除する取り組みが進められている。

気になるのは、オニヒトデの大発生が近年、頻発傾向にあることだ。その原因として、オニヒトデを捕食するホラガイなどが減ったためとする説などもあるが、有力なのは「幼生生き残り仮説」だ。オニヒトデは、生まれてまもない幼生（**写真1－18**）のころは、海中を漂いながら植物プランクトンを食べて成長する。沿岸海域に生活排水などが流れ込むと、窒素やリンなどが増えて植物プランクトンが増加し、オニヒトデの幼生が生き残りやすくなる。これが、大発生の引き金になっているらしい。

オニヒトデがサンゴを襲って食べる――。そう聞くと、捕食者と被捕食者という生物どうしの関係しか思い浮かばないが、実際には、人間が海を汚したせいでオニヒトデが増え、サンゴが痛めつけられている、という構図が浮かび上がってくるのだ。

「回復不能」の感染症も

白化現象やオニヒトデの大発生に加えて、サンゴが感染するとダメージを受けるさまざまな病気も、深刻な問題だ。かつて、サンゴの病気は「珍しい現象」とされていた。1960年代には、サンゴの病気といえば、表面に黒い帯が現れる致死性の感染症「ブラックバンド病」くらいしか知られていなかった。しかし、1990年代以降、世界各地のサンゴ礁で病気が目立つようになっている（**表1－19**）。

サンゴの病気は種類、発症数ともに年々増えつつあり、「ホワイトシンドローム」（**写真1－20**）や「ホワイトスポットシンドローム」など、現在は20種類以上が報告されている。日本では2000年以降、ホワイトシンドロームやブラックバンド病が目立つようになった。

私は慶良間諸島で2007年、ホワイトシンドロームが発生している海域で潜水取材をおこなったことがある。直径約2mの立派なテーブルサンゴの表面に、不気味な白い帯が浮き出ていた。この白い帯が病変部で、サンゴの表面を1日に約2㎝のペースでじわじわと蝕《むしば》んでいく。発症したサンゴの多くは、数ヵ月で死んでしまう。

原因は、ロドバクター科の細菌だ。石西礁湖でも多くのサンゴが罹《り》患《かん》して死滅し、2014年

病名	状況	原因となる病原体
ブラック バンド病 (BBD)	致死性の病気。感染したサンゴには黒い帯状の病変が見られる。1日に2〜5mm進行する。かつてはカリブ海でのみ見られたが、現在は世界中のサンゴ礁に拡大。沖縄でも発生。	シアノバクテリアと硫酸還元菌などの集合体
ホワイト シンドローム (WS)	患部が白い帯になり、1日に約2cmずつ進行。群体を死滅させる。豪・グレートバリアリーフ、八重山諸島、慶良間諸島などで深刻な被害。	ロドバクター科の細菌
ホワイト スポット シンドローム	サンゴ群体の表面に直径1cmほどの白斑が現れ、サンゴを死滅させる。宮崎県、高知県、和歌山県沖のサンゴに発生。	原因は未解明
ブラウン バンド病 (BrB)	群体の表面に茶色い帯が現れる。1日に2〜10cmのペースで進行。	繊毛虫が関係するが、詳しい原因は未解明
骨格の 異常成長 (腫瘍)	群体の表面が盛り上がり、白いこぶが形成される。病気としての深刻度は低いものの、生殖能力の低下を招くことがある。異様な外観が目を引く。	原因は未解明

表1-19 蔓延するサンゴの病気の具体例

写真1-20
「ホワイトシンドローム」を発症したテーブル状サンゴ（山城秀之さん提供）

には宮崎県のサンゴにも飛び火した。いったんホワイトシンドロームを発症したサンゴは二度と回復せず、感染した群体はすべて死滅してしまう。グレートバリアリーフでも2000年代初頭、ホワイトシンドロームによって幅広い種類のサンゴが死滅して問題になった。

サンゴの病気を引き起こす原因微生物は、もともと地球上に存在していたものだ。このことから、近年、サンゴのさまざまな病気が世界的に蔓延《まんえん》するようになったのは、海の環境変化の影響が大きいと考えられている。

海水温の上昇によって白化したサンゴは、体力を奪われ、細菌に感染しやすくなる。また、水温が高いと、高温環境を好む細菌が活発化する。たとえばブラックバンド病は、水温が高まる夏場に発生しやすいことが知られている。

ブラックバンド病の原因菌の一つであるシアノバクテリアは、窒素やリンを含む栄養塩が海水中に多いと成長が早まる。ブラックバンド病の蔓延には、海の富栄養化が関連していると指摘する海外の研究報告もある。また、ホワイトシンドロームは、陸域から土壌粒子が流入するなどして海水が濁ると、発生しやすいとの指摘がある。

温暖化による水温上昇に加え、海の汚染や濁り――。サンゴに蔓延しているさまざまな病気も、元をたどれば私たち人間の営みが影響している可能性が高い。山城秀之・琉球大学教授（サンゴ礁生物学）は「サンゴの病気をこれ以上広げないためには、生活排水や家畜の屎尿《しにょう》などに含

ガラスのように透きとおった海は、「貧栄養」の世界だ

サンゴの林は、小魚たちの絶好の隠れ家となる

（いずれも沖縄県・慶良間諸島、山本智之撮影）

まれる栄養塩、土壌粒子の海への流入を減らす取り組みが必要だ」と指摘する。

赤土――サンゴの回復を阻む厄介者

サンゴ礁が広がる温暖な海は、ガラスのように透きとおっている（**写真1－21**）。この透明な海水は、有機物や植物プランクトンの含有量が非常に少ないのが特徴だ。植物プランクトンを育む栄養塩が乏しいため、「貧栄養の海」とよばれる。陸上でいえば、荒涼とした砂漠のようなイメージだ。にもかかわらず、サンゴ礁に生物が豊富なのは、サンゴに褐虫藻が共生し、光合成によって次々と栄養をつくり出していることの影響が大きい。

サンゴの林は、魚たちにとって絶好の隠れ家となる（**写真1－22**）。こうした物理的な側面だけでなく、サンゴが分泌する大量の粘液も、サンゴ礁に生息するカニなどのエサになっている。サンゴ礁が多くの生き物を育み、「海のオアシス」とよばれるゆえんだ。

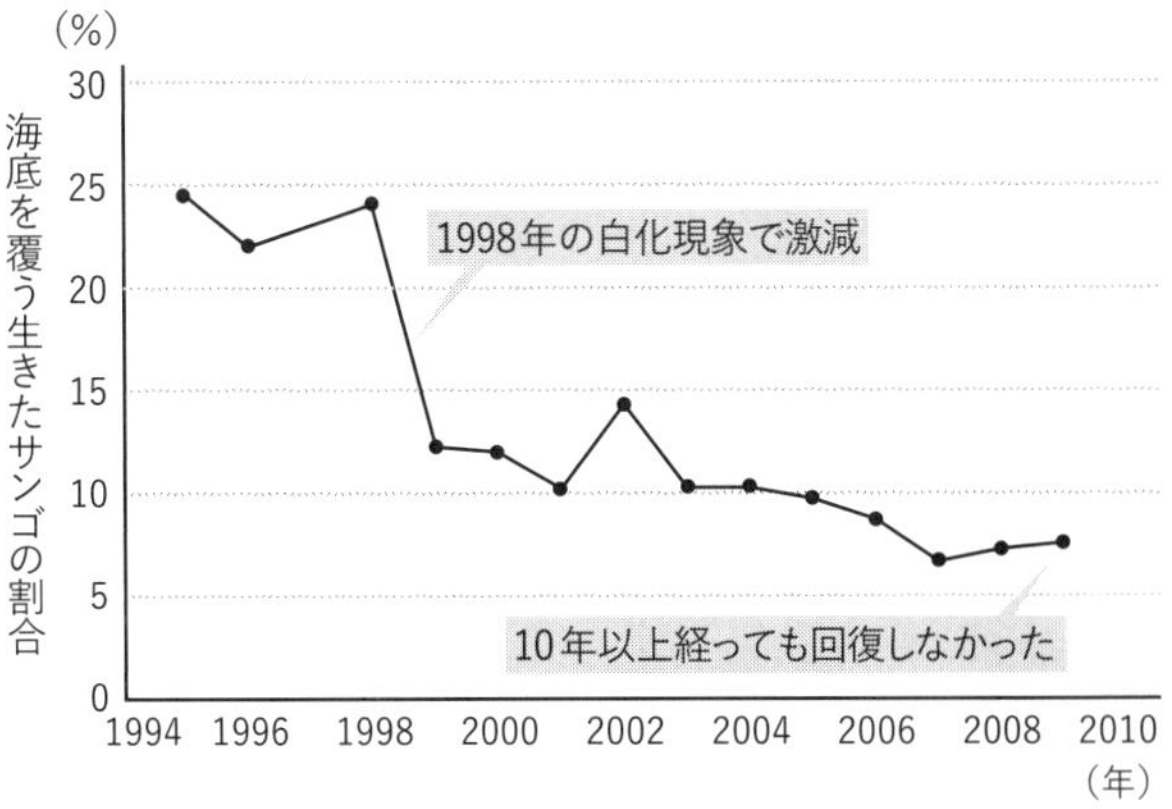

図1-23 赤土が流れ込む海域のサンゴ被度の変化(平均値) 赤土が流れ込む海域では、サンゴの被度が回復していない(本郷宙軌さん提供)

このように、サンゴは透明できれいな海に適応して暮らしてきた生物である。その澄んだ海を一気に濁らせてしまう厄介者《やっかいもの》が「赤土」だ。農地の開発などで地面がむき出しになった場所に大雨が降ると、赤土で濁った大量の水が海に流れ込む。赤土の粒子が降り積もると、サンゴは呼吸を妨げられ、窒息死してしまう。

赤土は、サンゴの群体にダメージを与えるだけではない。赤土が降り積もった海底では、サンゴの幼生が定着して育つのが難しくなるのだ。実際に、陸から赤土が流れ込む海域では、1998年に大規模な白化が起きて以来、海底を覆うサンゴの割合がほとんど回復しなかったことが、国立環境研究所の本郷宙軌・特別研究員(当時)らの分析でわかっている(**図1-23**)。

沖縄本島のサンゴを対象にした研究だが、「白化＋赤土」という複合要因によって、サンゴの回復が阻まれている現状がよくわかる結果だ。

高水温による白化、オニヒトデの襲来、病気の蔓延、沿岸開発による破壊、陸域からの汚染、そして、赤土問題……。加えて、大気中の二酸化炭素の増加にともなう海の酸性化も将来、サンゴの脅威になると予測されている。

サンゴの生息を脅かす要因にはさまざまなものがあり、互いに複雑に絡み合っている。そして、その多くは直接・間接に、私たち人間の活動が関係しているのである。

天然記念物「八重干瀬」――水温上昇の影響を探る好適地

2018年は、国際サンゴ礁イニシアチブ（ICRI）が定める3回目の「国際サンゴ礁年」だった。

サンゴ礁の現状を明らかにする新たな調査企画に取り組もう――。私は、朝日新聞映像報道部の小林裕幸デスクとそう話し合い、この年の3月、国立環境研究所の山野博哉生物・生態系環境研究センター長（自然地理学）のもとを訪ねた。そして、新たな調査計画について相談をした。

山野さんが提案した調査海域は、沖縄県・宮古島沖に広がる国内最大級のサンゴ礁群「八重干瀬《やびじ》」だった（**図1－24**）。

八重干瀬は、人が住む島から離れた沖合にあるため、陸地から流れ込む赤土や生活排水などに

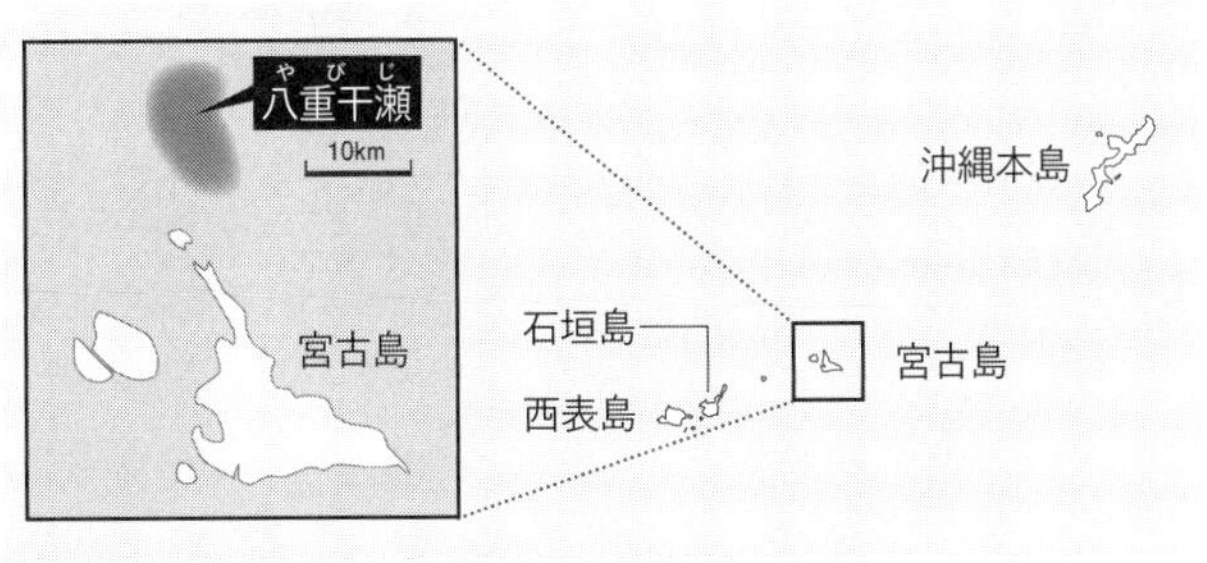

図1-24　八重干瀬の位置

よる悪影響を受けにくい条件下にある。海水温の上昇がサンゴに与える影響を調べるうえでの「好適地」なのだ。八重干瀬に生きたサンゴがどのくらい残っているのか、朝日新聞社と国立環境研究所で共同調査を進めることになった。

八重干瀬は宮古島の北の海域に位置し、南北約17㎞、東西約6・5㎞の広がりをもつ。300種を超すサンゴが分布し、特にテーブル状サンゴが豊富なことで知られる。大潮の干潮時には、広い範囲でサンゴ礁が海面から姿を現す。2013年にはサンゴ礁群として初めて、国の天然記念物に指定された。

私たちは早速、取材班を結成し、夏に現地調査をする計画を立てた。しかし、台風が襲来するなどして延期を重ね、調査を開始できたのは2018年10月下旬のことだった。

調査では、朝日新聞社機「あすか」を使って高度約1400mから八重干瀬全景を高精度カメラで約900枚に分割して撮影。さらに、国立環境研究所の研究者が全地球測位システム（GPS）で位置を確認しながら八重干瀬内の13ヵ所でシュノーケリング調査をして海底のサンゴの状態を記録し、上空からの撮影データとの照合作業をおこなった。

八重干瀬の海底を覆う生きたサンゴの面積（フデ岩など一部エリアを除く）は、２００８年に同研究所が集計した同様の調査では約71万㎡あった。ところが、今回の調査では、約23万㎡へと激減していたことがわかった。10年間で、生きたサンゴのじつに7割が失われた計算だ。これほどまでに激減したのは、２０１６年7～8月に30℃を超すような高い海水温が続き、サンゴの白化と大量死が起きたのがおもな原因だ。

エメラルド色の海面下には……

じつは、石西礁湖でかつて大規模な白化現象が起きた２００７年の際には、八重干瀬のサンゴはほとんど被害を受けなかった。ところが、２０１６年には、石西礁湖でふたたび大規模な白化が起こるとともに、八重干瀬でもサンゴの白化と大量死が起きていたのだった。

八重干瀬や石西礁湖を含む宮古・八重山海域はサンゴの種類が多く、ほかの海域への「サンゴの幼生の供給源」としても大切な場所だ。この海域で生まれたサンゴの幼生は、遠く沖縄本島や九州南部にまで運ばれることがシミュレーション研究で示されている。しかし、近年の大規模な白化現象によって、深刻な打撃を受けていることが裏付けられた。

八重干瀬の海は、上空から見ると美しいエメラルド色に輝いている。しかし、その海底では、以前に比べてすっかりサンゴの数が減ってしまっている。場所によっては、死んでバラバラになったサンゴが、まるでコンクリートのがれきのようにに海底を覆っているようすが確認された（**写真1－25A、B**）。

写真1-25A

上空から見た八重干瀬の海（2018年10月）

写真1-25B

八重干瀬の海底。死んだテーブル状サンゴが広がっていた（2018年11月、いずれも©朝日新聞社）

＊

本章で見てきたように、サンゴ礁は、海水温の上昇による生態系への影響が最も深刻に、そして「目に見える」形で現れている場所だ。生物の多様性が高く、地球の表面積の0・1％に9万種を超える生物が暮らすとされる「海の熱帯雨林」は今、深刻な危機に直面している。

しかし、海水温上昇にともなう異変が起きている現場は、暖かい南の海のサンゴ礁だけではない。じつは、本州や九州、四国、そして北海道においても、海水温の上昇とそれにともなう海の生態系の変化が報告されている。異変は、日本列島を取り囲むすべての海で生じつつあるのだ。

実際にどんなことが起きているのか？——章をあらためて、具体的に見ていくことにしよう。

第2章

日本近海で生じつつある「異変」

——北上する生き物たち

2-1 変わりゆく「日本の海」──地球温暖化でなにが起きるか

「未来の天気予報」の衝撃

2100年、未来の夏の天気予報をお伝えします──。

一風変わった動画を2018年、環境省がウェブ上で公開した。テレビの気象番組と同じように気象予報士が登場し、その日の天気や観測された気温などについて淡々と語る。

「今日も全国的に猛烈な暑さとなりました。最高気温は高知県・四万十市で44・9℃、名古屋で43・9℃、東京でも43・6℃……」

この動画が公開された2018年は、極端な猛暑の年だった。埼玉県熊谷市では同年7月、国内の観測史上最高値を約5年ぶりに更新する41・1℃を記録している。そんな猛暑の年に公開された「未来の天気予報」を、まるで現実のように感じた人もいたのではないだろうか。

じつはこの動画は、気候変動に関する政府間パネル（IPCC）がまとめた第5次評価報告書の気候変動シナリオのうち、温室効果ガスの排出が高いレベルで続く「RCP8・5」（高位参照シナリオ）に基づいて製作されたものだ。

IPCCの第5次評価報告書は、20世紀半ば以降に観測された温暖化について「人間の影響が支配的な要因であった可能性が極めて高い」と指摘した。そして、今後の温暖化のゆくえについて、代表的な4つの「RCPシナリオ」を示している。このうち「RCP8・5」は、21世紀末の世界平均気温が、20世紀末に比べて2・6〜4・8℃上昇するとしている。

地球温暖化対策の国際ルールである「パリ協定」は、産業革命以降の気温上昇を2℃未満、できれば1・5℃未満に抑えることを目標に掲げている。

しかし、世界の平均気温は、産業革命前に比べてすでに約1℃上昇している。IPCCが2018年にまとめた「1・5℃特別報告書」によると、地球温暖化がこのまま進めば、世界の平均気温は早ければ2030年にも産業革命前より1・5℃上昇する可能性が高い。

「生物が暮らしにくい海」の拡大

地球は太陽の熱によって温められるが、宇宙に熱が放射されることで、気温のバランスが保たれてきた。しかし、二酸化炭素（CO_2）などの温室効果ガスが大気中に増えると、熱が閉じ込められて温暖化を招く。そして、現在の大気中の二酸化炭素濃度は、過去80万年間で例のない高いレベルにある。

世界気象機関（WMO）によれば、二酸化炭素の世界平均濃度は、2018年に407・8ppmに達した。この値は、産業革命前の1750年ごろ（約278ppm）と比べて、約1・5

倍に相当する。

温暖化が進むと、陸上の氷が解けて海に流れ込むほか、海水そのものが熱によって膨張するため、海水面の上昇は避けられない。ＩＰＣＣが２０１９年にまとめた「海洋・雪氷圏特別報告書」によると、世界平均の海面水位は１９０２年から２０１５年までのあいだに16㎝上昇した。有効な対策がとられず、このままのペースで温室効果ガスの排出が続いた場合、２１００年には世界平均の海面水位は１９８６〜２００５年に比べて最大で１・１m上昇する可能性がある。

また、温暖化で海の上層が温められると、下層の海水との密度差が大きくなり、上層と下層が混ざりにくくなる。その結果、海の上層にある豊富な酸素が下層に運ばれにくくなり、海水中の酸素濃度が低く、生物が暮らしにくい「貧酸素の海」が拡大するという問題もある。ＩＰＣＣの「海洋・雪氷圏特別報告書」は、温暖化が招く「海の貧酸素化」についても警鐘を鳴らしている。

「世界平均を上回るペース」で進む変化

世界の年平均気温の値は、１００年あたり０・７４℃のペースで上昇している。ただし、世界全体を見渡してみると、どの地域も同じように気温が上昇しているというわけではない。

たとえば、日本の年平均気温は１００年あたり１・２４℃上昇しているが、この上昇ペースは世界平均より速い。その原因としては、気温の上昇率が大きな北半球の中緯度に日本が位置して

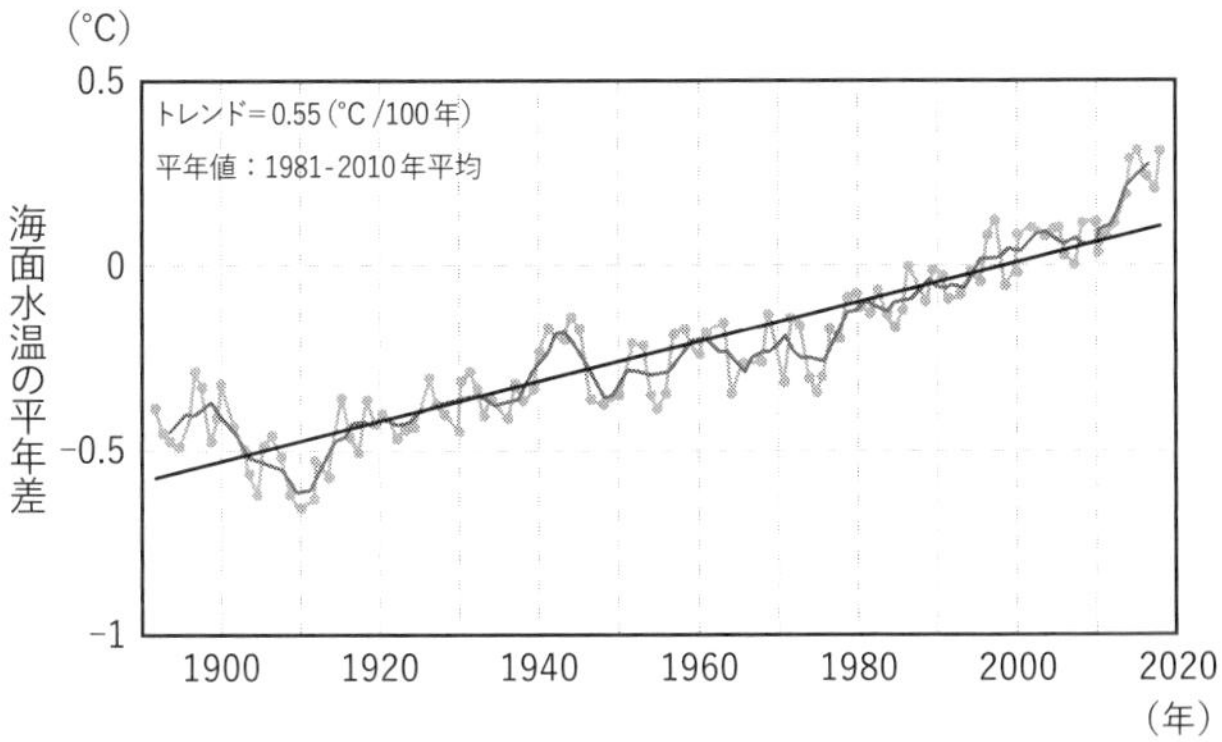

図2-1　海面水温の長期変化傾向（全球平均、気象庁HPより）

いる影響が大きいと考えられている。

私たちの身のまわりでは、温暖化の足音を感じさせるさまざまな異変が、すでに生じはじめている。このうち、サクラの開花時期の早まりや猛暑日の増加など、陸上で起こる出来事の数々は、多くの人々が実感しやすいものだ。これに対して、海の中の世界は、人の目が届きにくく、変化があっても、私たちはなかなか気づきにくい。

しかし、陸上と同様に海の中でも、温暖化は着実に進みつつある。IPCCの第5次評価報告書では、「1971～2010年のあいだに気候システムに蓄積されたエネルギーの90％以上を海洋が吸収した」とする見積もりが示されている。地球上に蓄えられつつある熱の大部分は、じつは広大な海によって受け止められているのだ。

世界の平均海面水温は、100年あたり0・55℃の

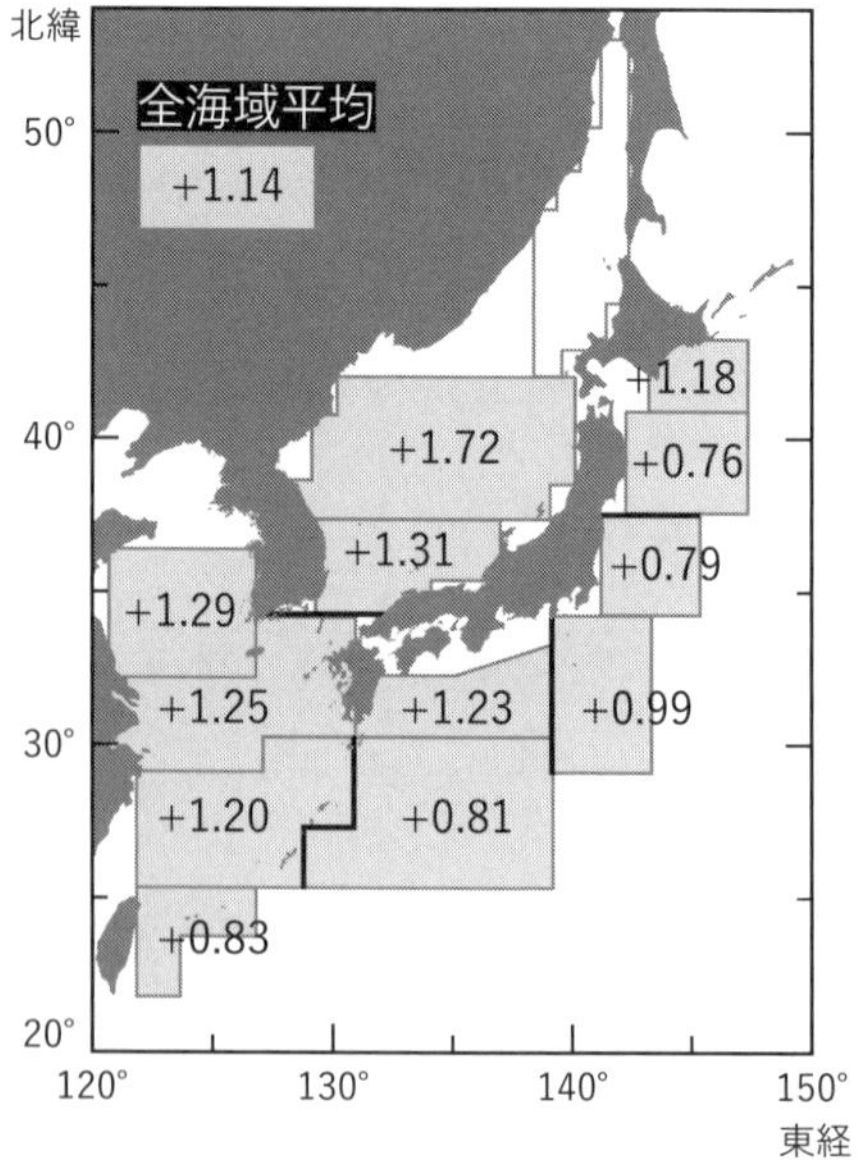

図2-2
2019年までの過去100年間の海域平均海面水温（年平均値）の上昇（気象庁HPより）

ペースで上昇している（**図2－1**）。そして、海面から水深100mまでの海水温は、今世紀末までに約0・6〜2・0℃上昇すると予測されている。

日本近海では、平均の海面水温（年平均値）が、2019年までの100年あたりに1・14℃上昇している（**図2－2**）。上昇のペースは世界平均を上回っており、日本の年平均気温の上昇率（100年あたり1・24℃）に近い値となっている。

日本近海で観測された海水温の上昇については、地球温暖化に加え、北太平洋で10年から数十年周期で繰り返される海水温の変動現象の影響も考慮する必要がある。しかし、長期的に見れば、世界平均を上回るペースで海水温の底上げが進みつつあるのは間違いない。そして、日本近海の海水温の上昇ペースは将来、さらに加速する可能性がある。

地球温暖化の進行は、日本の海の生物にどんな影響を与えるのか。サンゴの白化現象のほかには、どのような異変がすでに起こりつつあるのか。次節以降で具体的に見ていくことにしよう。

2-2 「死滅回遊魚」のゆくえ

「埋もれた宝の山」

日本各地の海では日々、たくさんのダイバーたちが海中散歩を楽しんでいる。そして、アマチュアダイバーたちが撮りためている水中写真の中には研究上、貴重な魚の生態写真も含まれている。魚類研究者にとって彼らの写真は、「埋もれた宝の山」だ。

そのことに気づいた神奈川県立生命の星・地球博物館の瀬能宏・主任学芸員（魚類分類学）は、ダイバーの撮影した魚の生態写真を集め、データベース化することを思いついた。

「あなたが撮った水中写真を、魚の研究に役立てませんか」

ダイバーたちに呼びかけ、瀬能さんは1995年に「魚類写真資料データベース」の構築を始

写真2-3
データベースのサーバーと瀬能宏さん（山本智之撮影）

めた。魚の水中写真を、撮影日や場所、水深などの記録と一緒にコンピュータに蓄積する。

「自分が趣味で撮った写真が科学の役に立つなら」と協力を申し出るダイバーが国内各地から相次いだ。写真が「動かぬ証拠」となって、ハタ科のスジアラ（*Plectropomus leopardus*）について分布の北限記録が更新されたほか、新種の魚が報告されるきっかけにもなるなど、研究面で具体的な成果が出るようになった。

ダイバーだけでなく、釣り人からも、釣ったばかりの魚の写真がメールで送信されてくる。こうした一般の人々からの画像に加え、魚の標本写真の画像もデータベースに収められた。

２０２０年３月までに、ネット上で閲覧できる「魚類写真資料データベース」（http://fishpix.kahaku.go.jp/fishimage/）の画像データは14万１８９１件に達した。貴重なデータは、まず神奈川県立生命の星・地球博物館のサーバーに蓄積される（**写真2-3**）。それをもとに、ネット上で検索表示できる画像とデータを定期的にアップデートし、国立科学博物館が公開する形をとっている。

死滅回遊魚――〝片道切符の旅〟をする魚たち

魚類写真資料データベースの膨大な記録の中には、「死滅回遊魚」の写真も数多く含まれる。死滅回遊魚とは、海流によって本来の生息域ではない場所に運ばれ、その環境に適応できずに死んでいく魚たちを指す。太平洋岸では、伊豆半島や房総半島などでよく見られる現象だ。沖縄などの暖かい南の海に生息する魚が黒潮に乗って運ばれ、本州などの沿岸海域に姿を現す。

２００９年に伊豆半島東岸の定置網に入った体長46・５㎝のマサカリテングハギ（*Naso mcdadei*）のように、成魚がはるばる台湾から泳いできたとみられるケースもある。しかし、ほとんどの場合、死滅回遊をする熱帯・亜熱帯性の魚は、温暖な海域にすむ魚たちの「浮性卵《ふせいらん》」や「仔魚《しぎょ》」が海流に取り込まれ、ベルトコンベアーに乗せられたように受動的に輸送されたものだ。

黒潮に運ばれてきた稚魚たちは、成長して体が大きくなり、夏から秋にかけてダイバーによく目撃されるようになる。しかし、冬場の水温低下には耐えることができない。熱帯・亜熱帯性の魚たちにとって、生きるうえで限界となる海水温は約15℃が目安となる。

年を越すとそのほとんどが死滅し、姿を消してしまう。彼らにとって死滅回遊とは、いわば将来の保証がない「死の旅路」であり、「片道切符の旅」である。せっかく海流に乗って遠い場所へ分散しても、死滅回遊魚たちは繁殖して子孫を残すことができない。生物地理学で「無効分

左上から時計回りに「ミナミハコフグ」「モンガラカワハギ」「セナキルリスズメダイ」「タテジマキンチャクダイ」「ミナミハタタテダイ」（いずれも山本智之撮影）

散」とよばれる現象である。

伊豆半島で見られる代表的な死滅回遊魚の一つが、ミナミハコフグ（*Ostracion cubicus*）だ。幼魚の体は丸く、鮮やかな黄色が目を引く。まるで「黄色いビー玉」のような姿で、浅瀬の水中をフワフワと漂っている。

青色と黄色が鮮やかなセナキルリスズメダイ（*Chrysiptera starcki*）やヨスジフエダイ（*Lutjanus kasmira*）は、まさに「熱帯魚」のイメージだ。

このほかにも、和名からして南方系のナンヨウツバメウオ（*Platax orbicularis*）やハワイトラギス（*Parapercis schauinslandii*）、ネッタイミノカサゴ（*Pterois antennata*）など、伊豆半島の海では毎年、さまざまな種類の死滅回遊魚の姿が見られる（写真2－4A、B）。

このような死滅回遊魚の種数は、意外に多い。魚類写真資料データベースによると、伊豆半島沿岸を含む駿河《するが》湾と相模《さがみ》湾の沿岸でダイビング中に観察された1358種の魚のうち、死滅回遊魚は約500種にのぼる。観察できる季節が偏っているため「季節来遊魚」ともよばれるが、「死の旅路」のことを考えれば、やはり「死滅回遊魚」という表現がしっくりくる。

写真2-4B
左上から時計回りに「ヨコシマクロダイ」「ニシキフウライウオ」「ヨスジフエダイ」「ハワイトラギス」「ネッタイミノカサゴ」「ナンヨウツバメウオ」（いずれも山本智之撮影）

「越冬個体」の登場

魚類写真資料データベースの記録をもとに、瀬能さんは2015年、ある分析結果を発表した。従来は死滅回遊魚とされてきた熱帯・亜熱帯

写真2-5
左上から時計回りに「アカオビハナダイ」「テングチョウチョウウオ」「トゲチョウチョウウオ」「ムレハタタテダイ」「フタイロハナゴイ」「カシワハナダイ」（いずれも山本智之撮影）

性の魚種の一部に、冬を越して生き延びるケースがかなりの数、見つかったのだ。

　過去20年分のデータベース情報を解析したところ、伊豆半島と伊豆大島を含む相模湾・駿河湾海域で、23科59種の熱帯・亜熱帯性魚類が越冬したことが確認された（**写真2-5、表2-6**）。この分析では、冬を経た翌年の3月から4月にかけて生き残っていたものを「越冬個体」と判断した。

　「海水温が上昇傾向にあるため、生き残る確率が高まった可能性がある」と瀬能さんはいう。越冬が確認された熱帯・亜熱帯性の魚は年間1～5種だが、年によっては10～20種にのぼる。年ごとに増減があるのは、黒潮の

ハタ科	ホカケハナダイ（*Rabaulichthys suzukii*） ミナミハナダイ（*Luzonichthys waitei*） アカオビハナダイ（*Pseudanthias rubrizonatus*） ベニハナダイ（*Pseudanthias* sp. 1） ニラミハナダイ（*Pseudanthias ventralis ventralis*） コウリンハナダイ（*Pseudanthias parvirostris*） カシワハナダイ（*Pseudanthias cooperi*） フタイロハナゴイ（*Pseudanthias bicolor*） スミレナガハナダイ（*Pseudanthias pleurotaenia*） ケラマハナダイ（*Pseudanthias hypselosoma*）
ベラ科	クロフチススキベラ（*Anampses melanurus*） カンムリベラ（*Coris aygula*） ムナテンベラ（*Halichoeres melanochir*） シロタスキベラ（*Hologymnosus doliatus*） オグロベラ（*Pseudojuloides splendens*） コガシラベラ（*Thalassoma amblycephalum*） オトメベラ（*Thalassoma lunare*）
チョウチョウウオ科	テングチョウチョウウオ（*Chaetodon selene*） トゲチョウチョウウオ（*Chaetodon auriga*） ユウゼン（*Chaetodon daedalma*） ムレハタタテダイ（*Heniochus diphreutes*） ハタタテダイ（*Heniochus acuminatus*）
イソギンポ科	アミメミノカエルウオ（*Cirripectes imitator*） ニラミギンポ（*Ecsenius namiyei*） アオモンギンポ（*Entomacrodus caudofasciatus*） ミナミギンポ（*Plagiotremus rhinorhynchos*） マツバギンポ（*Mimoblennius atrocinctus*）
カエルアンコウ科	オオモンカエルアンコウ（*Antennarius commerson*）
トラギス科	カモハラトラギス（*Parapercis kamoharai*）
クロユリハゼ科	ヒメユリハゼ（*Ptereleotris monoptera*）
ハゼ科	ヨリメハゼ（*Cabillus tongarevae*）

表2-6　魚類写真資料データベースにより、越冬が確認された熱帯・亜熱帯性魚類の具体例　対象海域は相模湾、駿河湾、伊豆半島、伊豆大島（神奈川県立生命の星・地球博物館の瀬能宏さんの資料から抜粋）

写真2-7
ニセタカサゴ（沖縄県那覇市、山本智之撮影）

流路の状況や、その年が暖冬か寒波かといった気象条件の違いなどが影響しているとみられる。

いずれにしても、温暖化が進む将来、越冬個体の数や種類はさらに増えていく可能性が高い。今後も同様の手法でモニタリングを続け、データを集めていく必要がある。

熱帯・亜熱帯性の魚が越冬したとみられる事例は、食用魚についても報告されている。サンゴ礁の海に多く生息するニセタカサゴ（*Pterocaesio marri*、**写真2－7**）だ。沖縄県では「ぐるくん」という呼称で流通している。

ダイバーによる伊豆半島での水中写真では、2010年以降、ニセタカサゴの撮影事例が増えている。相模湾では近年、定置網でも相次いで漁獲されるようになり、体のサイズや採集日などから、越冬した可能性が指摘されている。

加速する黒潮——より遠くへ運ばれる南方の魚たち

太平洋沿岸の各地に死滅回遊魚を運ぶ黒潮——。その流れは、深さ1000m近くにまで及ぶ。最も流れの速い「流軸」とよばれる部分は、毎秒2~2・5mに達する。そして、温暖化が進む将来、黒潮のスピードは、今よりもさらに速くなると予測されている。

海洋研究開発機構や東京大学などの研究グループが、スーパーコンピュータの「地球シミュレータ」を使って計算したところ、21世紀後半ごろまでに、黒潮の流速が現在よりも30％程度アップするという予測結果が出たのだ。

研究グループは、気温や湿度、風速などを扱う「大気大循環モデル」と、水温や塩分、海流の速さなどを扱う「海洋大循環モデル」を組み合わせた「大気海洋結合モデル」を用いた。海洋を20〜30㎞四方の格子に区切り、大気中の二酸化炭素濃度を徐々に増加させて計算をおこなった。

日本列島の南岸に沿って進んだ黒潮は、房総半島沖で東に向きを変え、本州から離れていく。房総半島沖から先の部分の海流は、「黒潮続流」とよばれる。計算結果によると、黒潮が房総半島沖で本州から離れる緯度（離岸緯度）は、温暖化が進んでも今世紀中は大きく変化しない。一方で、黒潮とその延長流である黒潮続流は、いずれも流速が30％程度増加することが示された（図2－8）。

北太平洋には、北緯10度から40度付近にかけて、時計回りの巨大な流れが存在する。北赤道海流や黒潮、黒潮続流、カリフォルニア海流などの海流によって構成される「北太平洋亜熱帯循環」だ。

このような海洋表層の循環は、海上を吹く風によって駆動されるため「風成循環」とよばれ

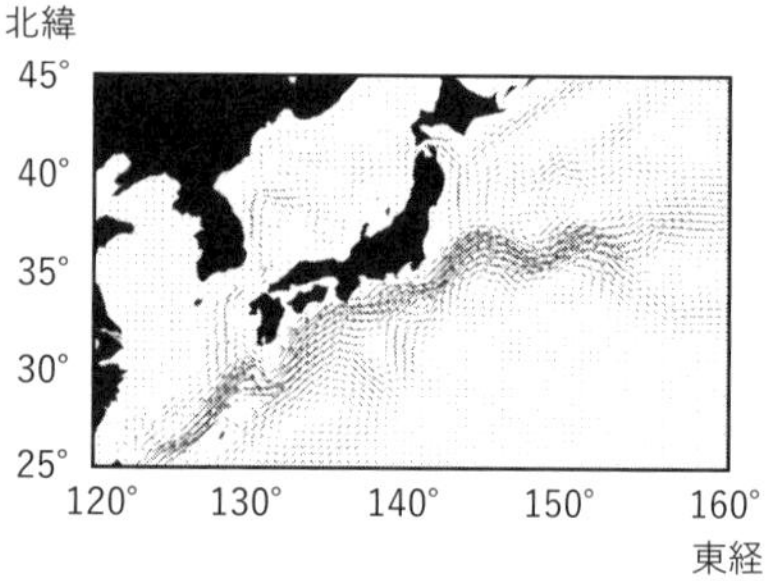

図2-8　温暖化が進んだ将来の黒潮の予測図
（坂本ら、2005から引用）

る。北太平洋亜熱帯循環の場合、北側を「偏西風」、南側を「北東貿易風」がそれぞれ吹いており、おもにこれらの風によって運ばれる海水が地球の自転による影響を受けることで、時計回りの循環を生み出している。

シミュレーションの結果について、海洋研究開発機構環境変動予測研究センターの鈴木立郎・グループリーダー代理は、「温暖化の進行にともなって、偏西風をはじめとした黒潮を駆動する風が強まることで、黒潮の流れが加速すると考えられる」と説明する。

温暖化によって将来予測される黒潮の流速アップの影響について、瀬能さんは2つの可能性を指摘する。

①南の海からの旅の途中で、従来はたどり着く前に死んでいた熱帯・亜熱帯性魚類が、早く運ばれることで生き残りやすくなる

②以前なら遠すぎてたどり着けなかったような、より南の海域からも、多くの熱帯性魚類が運ばれるようになる

「無効分散」が有効になるとき

熱帯・亜熱帯性の魚の多くは現在、たとえ伊豆半島や房総半島に流れ着いても、死滅回遊魚としての運命をたどることになる。ギリギリの状態で生き残るケースはあっても、ほとんどの個体は命を落とす。しかし、瀬能さんは「海水温の上昇にともなって、越冬する魚の種類が今後、あるタイミングを機に一挙に増えるのではないか」と考えている。特に、最も寒い2月ごろの海水温が1～2℃上昇すると、その時点から一気に魚類相が変化していく可能性があるという。

先に紹介した無効分散は、戦いにたとえれば「ムダ弾《だま》」を打ち続けているようなものである。生物の営みとして、今も昔も無効分散は延々と繰り返されてきた。しかし、気候変動にともなって高緯度の海域で水温の上昇が進めば、「無効」だったはずの営みが、長い年月のうちに「有効」となり、その生物は新たな環境で定着することに成功していくだろう。死滅回遊を繰り返してきた魚種が、温暖化の進行という環境変化に適応し、その生息域を拡大させていく可能性がある。

今は、私を含む多くのダイバーが、本州沿岸の海で熱帯・亜熱帯性の魚たちと出会うのを楽しみにしながら潜水を続けている。色とりどりの美しい姿をした「南からの珍客」を見つけては、喜んで水中カメラのシャッターを切っている。しかし、水温の上昇とともに日本の海で進みつつある魚類相の変化のことを考えると、手放しでは喜べないのだ。

2-3 北上する南方系の魚たち

海水温の上昇にともなう魚類相の変化は、日本海でも報告されている。京都大学舞鶴水産実験所の所長を務める益田玲爾・京都大教授は、日本海の沿岸に生息する魚の定点調査に長年取り組んでいる。調査海域は、実験所のすぐ目の前に広がる舞鶴湾の浅瀬だ（**図2-9**）。

定点調査を始めたのは2002年1月。寒い冬の時期も含めて、毎月2回のペースでスキューバ潜水をおこない、沿岸に出現した魚種をすべて記録している（**写真2-10**）。

「せっかく海辺の研究施設に赴任したのだから、地の利を生かした調査をしてみよう」

舞鶴湾での魚類相調査は、そんな気持ちで始めたという。湾内での潜水回数はすでに400回近くに及ぶ。1回の潜水は約1時間で、水深10mまでの沿岸域で観察した魚の種類と数をプラスチック製の水中ノートに記録し、水中カメラに収める（**写真2-11**）。

じつは、舞鶴湾では1970年代にも、先達の研究者によって同様の魚類相調査がおこなわれていた。そのデータと比較することによって、近年は南方系の魚が増えていることが判明した。

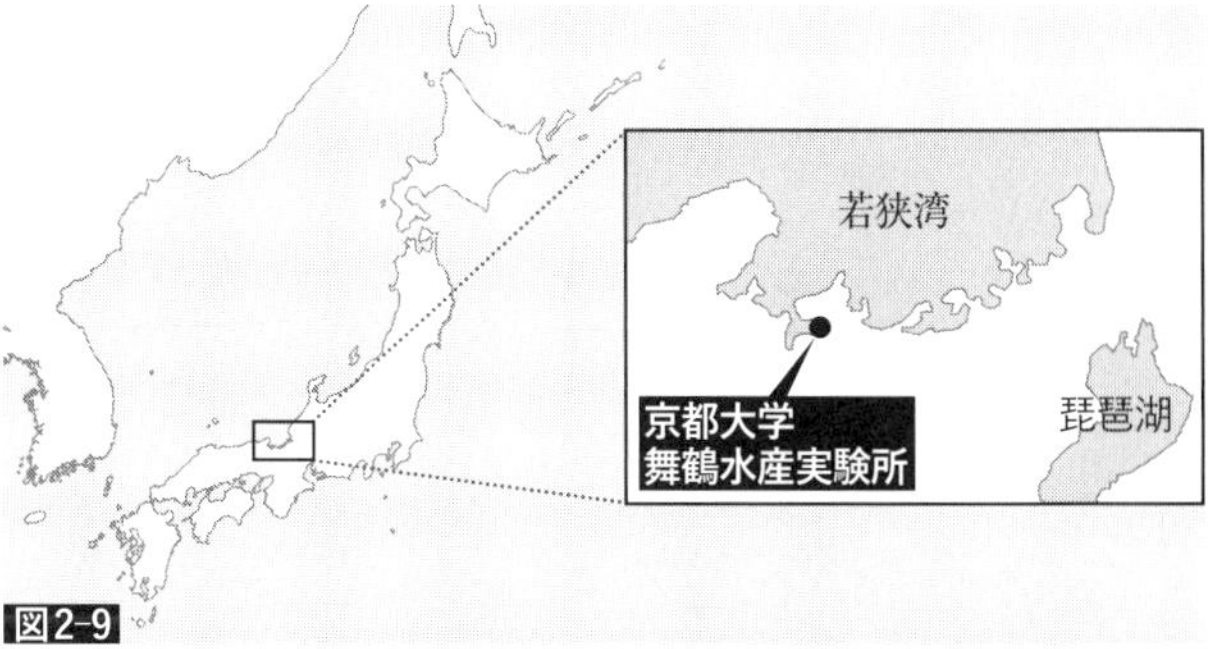

図2-9

写真2-10

雪の季節も舞鶴湾での潜水調査を欠かさない益田玲爾さん

写真2-11

潜水調査中の益田玲爾さん。観察した魚の種名を水中ノートに記録していく（写真はいずれも本人提供）

海の魚は、南北にまたがる広いエリアに分布する種が多い。このため、観察された魚が南方系なのかどうか、判断が難しいケースもある。益田さんは、その魚が北方系か南方系かを判断する尺度として、「分布中心緯度」という概念を使った。

30年で300kmも
――北上した分布域

各魚種ごとに、生息に適した水温帯があり、それが分布海域の違いとなって表れている。このため、その魚の分布海域の中心となる緯度を求め、それぞれ数値化することができるのだ。具体的には、「北半球における分布の南限と北限の緯度の平均値」として分布中心緯度を計算し、その魚の基本情報として数値を決めておく。

たとえば、ゲンロクダイ（*Roa modesta*）という魚は、分布の南限が西沙《せいさ》諸島（北緯17度）、北限が石巻（北緯38度）なので、その平均値をとると、分布中心緯度は27・5度となる。日本近海で考えると、南方系の魚ほど低緯度に分布しているので、分布中心緯度も低い値になる。

この計算手法を利用すると、その年に舞鶴湾で観察されたすべての魚種の分布中心緯度の平均値を求める、といったことも可能になる。この平均値を見れば、舞鶴湾に南方系の魚がどの程度入り込んでいるのか、その全体的な状況を数値化して示すことができるのだ。南方種が増えれば、分布中心緯度の平均値は下がることになる。

舞鶴湾に出現する魚たちの分布中心緯度の平均値は、1970年代には33・5度だった。しかし、2002〜2007年のデータを集計したところ、分布中心緯度は30・5度になっていた。この結果から、益田さんは「約30年間で緯度にして3度、距離に換算すると約300㎞、南方系の魚たちの分布が北上した」とする結論をまとめ、論文として発表した。

日本海で海水温の上昇傾向が続いたことにともなって、南方系の魚たちが分布を北に広げ、その変化が舞鶴湾での調査結果に表れたのだ。観察された魚種のなかには越冬できずに死ぬ死滅回遊魚も含まれるが、傾向として明らかに南方系の魚が増えており、「温暖化にともなう海水温の

写真2-12A
イソカサゴ

写真2-12B
ミノカサゴ

写真2-12C
コクチフサカサゴ

（いずれも益田玲爾さん提供）

上昇を反映した現象だ」と益田さんは指摘する。

1970年代には見られなかった35種が出現

舞鶴湾で記録される魚たちの分布中心緯度の平均値は、年ごとに変化する。対馬暖流の流路変化などによっても湾内の水温は上下し、出現する魚たちの顔ぶれにも影響を及ぼす。

観察された魚たちの分布中心緯度の平均値は、２０１５年は30・２度だったが、２０１６年には30・５度とやや高くなり、２０１７年にはふたたび30・２度へと低下した。このように、年ごとに上下変動を繰り返しながらも、長期的には分布中心緯度の平均値はさらに下がっていくものと考えられている。

舞鶴湾の魚類相を記録する定点調査では、２００２年1月～２０１８年3月のあいだに98魚種が記録された。このうち35種は、１９７０年代の調査の際には姿が見られなかった魚たちだ。

新たに記録された魚たちの顔ぶれを確認すると、南方系の魚が目立つことがわかる。ゲンロクダイ（分布中心緯度27・5度）の場合、かつては日本海での分布は兵庫県が北限とされていた魚種だが、２０１２年以降、舞鶴湾の調査エリアで何度も記録されるようになっている。

近年の調査で記録されるようになった南方系の魚は、たとえばカサゴ目では「イソカサゴ」（分布中心緯度20・5度）、「ミノカサゴ」（同22・5度）、「コクチフサカカサゴ」（同29・5度）などだ（**写真2－12A～C**）。

益田さんは「今後も南方系の魚が増えていくだろう。その一方で、今はごくふつうに見られる魚が減ったり姿を消したりして、漁業に影響が現れるケースも出てくるのではないか」と推測する。その実態を探るため、舞鶴湾での潜水調査は、これからも月2回のペースで続けていくという。

2－4　本州最南端の海で起こっていること

分布の北上が報告されているのは、前節で見た魚たちだけではない。さまざまな種類のサンゴもまた、海水温の変化に敏感に反応して、その分布を北へと広げつつある。

「本州最南端の町」として有名な和歌山県・串本の海（**図2－13**）――。

ここは、日本の海に起きつつある変化を肌で感じることができる「最前線」の一つだ。北緯33度に位置するが、黒潮の影響を強く受け、本州でありながら海底には豊富な種類の造礁サンゴが分布している。

私が初めて串本の海を取材で訪ねたのは、2005年のこと。串本海中公園センターの学芸員・野村恵一さんに海底を案内していただいた。当時すでに、新たな「南方系サンゴ」の出現が相次いで確認されていた。そうした状況を現場の水中写真とともに紹介した記事は、「南方系サンゴ、進む北上」という見出しで、朝日新聞の朝刊1面に掲載された。

すらりと長い枝ぶりのスギノキミドリイシ（*Acropora muricata*）、巨大なマイタケのような姿のサオトメシコロサンゴ（*Pavona cactus*、**写真2－14**）など、もともと串本には分布していなかったさまざまな南方系のサンゴを、海底で目の当たりにした。

その後、串本の海底はどうなったのか――。私は2017年12月、前回の取材時とまったく同じ海域に向かった。このときも野村さんが、一緒に潜水して海底を案内してくれた。「12年前に潜った海底を再訪し、この目で状況を確認したい」という私の申し出を快諾してくれたのだ。

失われつつある「原風景」

久しぶりに潜った海底は、すっかり様変わりしていた。以前は、南方系のスギノキミドリイシのある海底は、限られたエリアにとどまっていた。しかし今回は、かつてはまったく見られなかった場所にまで、大きく広がっていたのである。

串本の海には元来、温帯適応種のクシハダミドリイシ（*Acropora hyacinthus*）というサンゴが広がっている。テーブル状のサンゴで、幾重にも重なって海底を覆う景観は、串本の海に独特のものだ（**写真2-15**）。

12年前に私が受けた印象は、南の海からやって来た「新顔」であるスギノキミドリイシが、在来のクシハダミドリイシと「共存している」というものだった。しかし今回、状況は明らかに違っていた。もともと串本の海に分布するクシハダミドリイシの群体が、後からやって来たスギノキミドリイシの林に四方を取り囲まれ、攻め立てられている状況が、あちこちで見られたのである。陣地を拡大しつつあるスギノキミドリイシの長く伸びた枝が、クシハダミドリイシの上に大きく張り出すように広がっていた（**写真2-16**）。

串本の海で、スギノキミドリイシが初めて見つかったのは1995年のことだ。クシハダミドリイシよりも背が高く、成長スピードが速い。スギノキミドリイシの茂みがクシハダミドリイシ

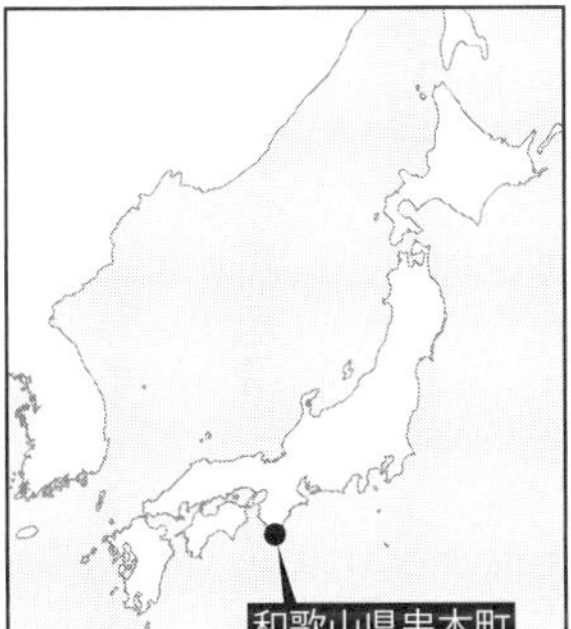

図2-13

写真2-14

サオトメシコロサンゴ。右は潜水取材中の筆者（©朝日新聞社）

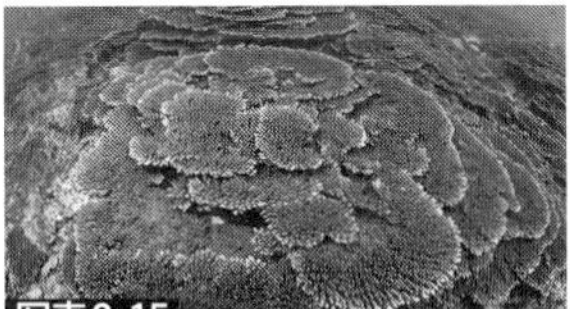

写真2-15

クシハダミドリイシが広がる串本の本来の海中景観（山本智之撮影）

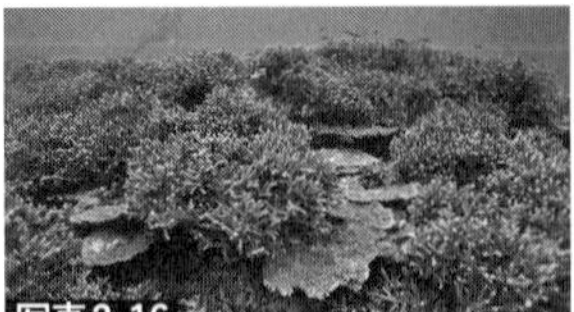

写真2-16

クシハダミドリイシの上を覆うスギノキミドリイシ（2017年12月、山本智之撮影）

写真2-17

場所によってはスギノキミドリイシが一面に広がる（2017年12月、山本智之撮影）

の上に覆いかぶさると、太陽の光が遮《さえぎ》られてしまう。すると、体内に共生する褐虫藻が光合成をすることができず、クシハダミドリイシは栄養不足で成長できなくなってしまう。場所によっては、スギノキミドリイシだけが海底をびっしりと覆い尽くし、延々と続く森林のような景観をつくっていた（**写真2−17**）。

「クシハダミドリイシの広大な純群落こそが、串本の海の原風景です。しかし、そうした海中の景観は失われつつあります。もうこの変化は、止められないでしょう」

海から上がった野村さんは、そう語った。

一大勢力を築いた「新参者」

串本の海のトレードマークであるクシハダミドリイシは、まだ海底に豊富に残っている。だがその地位は、しだいに脅かされつつある。サンゴどうしの競合によって、「新参者」だったはずのスギノキミドリイシが「優占種」になりつつあるのだ。スギノキミドリイシは、串本の海底に広がり続け、初夏の夜には毎年、いっせいに産卵するようすも観察されるようになった。

串本海中公園センターは長年、沿岸の海水温を測定し続けている。蓄積された海水温の記録は、この海域で起きつつある生物相の変化を考えるうえで、非常に貴重なデータだ。海水温のレベルは、年によって大きく上下を繰り返している。串本の海水温には、黒潮の流路の離岸・接岸の状況によっても大きく左右されるという特徴がある。

ふだんの黒潮は、九州・四国沖から紀伊半島沖、東海・関東沖へと、日本列島の南側に沿うように流れることが多い。しかし、紀伊半島〜東海沖で大きく南へ曲がり、離岸してU字形に流れる「大蛇行」を起こすことがある。黒潮の流路が東海沖で北緯32度以南まで南下し、和歌山県・潮《しおの》岬沖から離岸した状態が1ヵ月以上続くことを大蛇行とよんでいる（**図2−18**）。いったん大蛇行が発生すると、1年間から数年間は継続する。

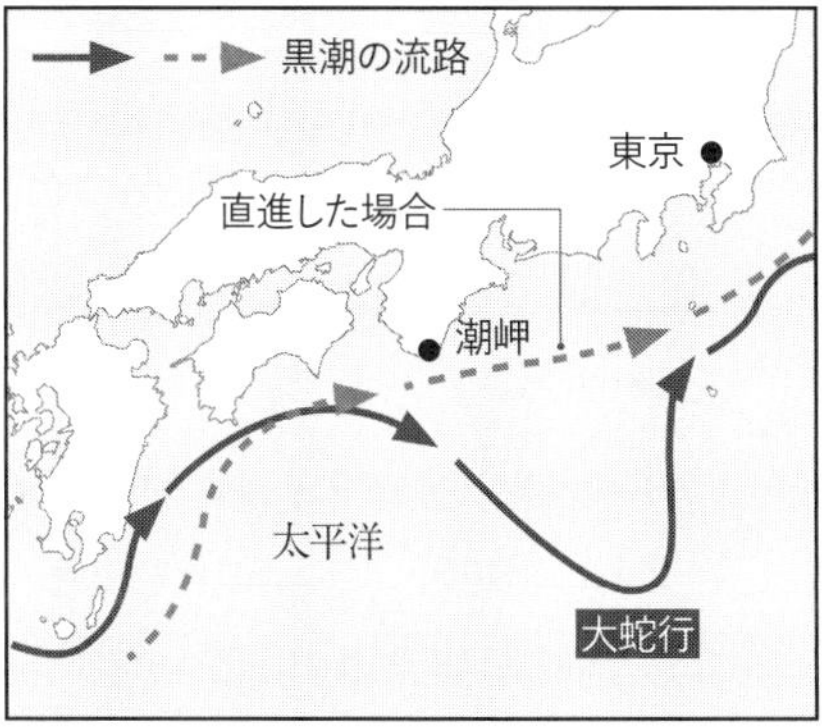

図2-18　黒潮の流路と大蛇行

黒潮の大蛇行は2017年、約12年ぶりに発生した。南から暖かい海水を運んでくる黒潮は、循環式のヒーターのようなものだ。しかし、この年から翌2018年にかけての冬季には、大蛇行による離岸で水温が下がったことに加えて、強い寒波も重なり、串本を含む紀伊半島南部の海水温は極端に低下した。

和歌山県南部の田辺市沖では、平年に比べて3℃前後も海水温が下がり、クシハダミドリイシなどのサンゴが低温ストレスによって大量に白化・死滅したほか、南方

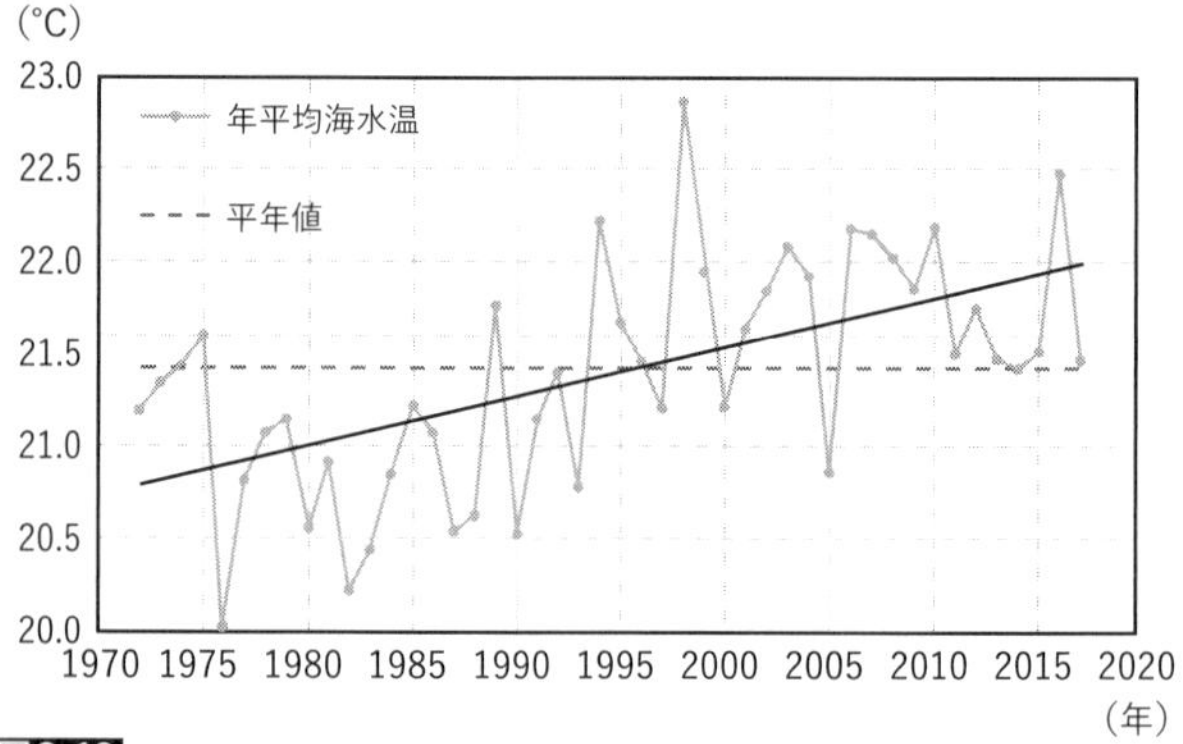

図2-19
和歌山県串本町（錆浦）の年平均海水温の変化（野村恵一さん提供）

系のシラヒゲウニ（*Tripneustes gratilla*）やナガウニ類などが斃死《へいし》し、寒さに弱い魚が衰弱して海底に横たわる姿も観察された。串本でも、平年値で約17℃ある冬季（1～3月）の平均表面水温が、15・41℃にまで低下した。

このように、和歌山県南部の海水温は、黒潮の流路によって大きく変動するが、それでも、串本の長期的な海水温データを統計的に解析すると、明らかな上昇傾向が見られる（**図2－19**）。同センターの記録によれば、串本の海水温の年平均値はかつて、22℃を超えるケースはほとんど見られなかった。

しかし、1990年ごろを境にガラリと様相が変わり、海水温は高い傾向を示すようになった。串本沿岸の海洋生態系に、特に大きな影響を与えたと考えられるのは、1990年ごろから2010年ごろにかけての約20年間だ。年平均値が22℃を超す年が相次ぎ、海水温が非常に高い傾向が続いた。こうした海の変化に呼応するように、南方系のスギノキミドリイシが定着し、その数を一気に増やしていったのである。

串本の海には、115種のサンゴが分布している。このうち15種は、1990年代以降に新たに見つかった南方系サンゴだ（**表2－20**）。研究者たちがサンゴの異変に気づくきっかけとなったのはショウガサンゴ（*Stylophora pistillata*）という種類で、その後も、かつては高知県が北限とされていたサオトメシコロサンゴやリュウモンサンゴ（*Pachyseris speciosa*）など、本来はもっと南の海に分布するサンゴが次々と出現するようになった。

あの「天敵」も定住化――〝地元生まれ〟が大発生

海水温の上昇によって、串本の海に姿を現したのは南方系のサンゴだけではない。皮肉なことに、〝招かれざる客〟にとっても、暮らしやすい海になりつつある。サンゴの天敵のオニヒトデである（**写真2－21**）。

1990年代後半から、それまでは少なかった大型のオニヒトデが、岸からやや離れた岩礁域で、徐々に目につくようになっていた。ついに大発生が起きたのは、2004年のことだ。

環境省の「モニタリングサイト1000」調査マニュアルでは、観察者が海中を15分間泳ぎ、10個体以上のオニヒトデが記録されれば、「大発生」と定義される。2004年は、串本の西部

①スギノキミドリイシ（*Acropora muricata*）
②ヒラニオウミドリイシ（*Isopora* aff. *cuneata*）
③コイボコモンサンゴ（*Montipora conferta*）
④ムラサキコモンサンゴ（*Montipora peltiformis*）
⑤センベイサンゴ（*Leptoseris glabra*）
⑥リュウモンサンゴ（*Pachyseris speciosa*）
⑦サオトメシコロサンゴ（*Pavona cactus*）
⑧ベニハマサンゴ近縁種（*Porites* cf. *lichen*）
⑨ショウガサンゴ（*Stylophora pistillata*）
⑩オオリュウキュウキッカサンゴ（*Echinopora gemmacea*）
⑪サザナミサンゴ（*Merulina ampliata*）
⑫ヒラノウサンゴ（*Platygyra daedalea*）
⑬ノウサンゴ（*Platygyra lamellina*）
⑭ダイノウサンゴ（*Symphyllia radians*）
⑮ヨコミゾスリバチサンゴ（*Turbinaria reniformis*）

表2-20　和歌山県・串本海域に近年新たに出現した南方系サンゴ（日本サンゴ礁学会誌「和歌山県串本海域における近年のサンゴ群集変化」（2009、野村恵一）を野村他（2016）をもとに改変）

写真2-21
サンゴを食い荒らすオニヒトデ（和歌山県・串本沖、山本智之撮影）

海域で15分間に100個体以上のオニヒトデが観察され、サンゴの食害が深刻化した。

出現したオニヒトデには、特徴的な点があった。いずれも生後4〜5年の若い個体で、直径20cm前後と体のサイズがそろっていたのである。数が非常に多いうえ、密度の高い集団だった。この事実は、大発生の4〜5年前にあたる2000年ごろに、串本の海でオニヒトデが本格的に繁殖を開始したことを示唆している。

じつは串本の海では、1970年代にも多数のオニヒトデが出現したことがあった。当時、沖縄県から高知県にかけてオニヒトデの大発生があり、その幼生が黒潮に乗って串本に流れ着いたのが原因とみられている。オニヒトデの幼生は、海中を漂いながら2〜7週間は生き続けることができる。コンピュータシミュレーションによる研究で、年によっては、石垣島や西表島の周辺海域で生まれたオニヒトデの幼生が、5週間ほどで紀伊半島南岸に到達することが示されている。

1970年代に現れたオニヒトデは、「串本生まれ」の個体ではなく、海流に運ばれた複数の幼生が定着し、成長して群れをつくったものと考えられている。つまり、「流れ者」による一過性の群れだったといえる。実際、1980年代には、黒潮の流路が変わって水温が低下したこともあり、オニヒトデの群れはほとんど見られなくなったという。

2004年に起きた大発生の直後には、オニヒトデの駆除数は年間2万匹近くに及んだ。その後は徐々に駆除数が減り、異常発生はいったん収束した。しかし、串本では現在、広範囲にオニヒトデの姿が見られるようになっており、ダイバーらによる懸命な駆除活動が続けられている。1cmほどの稚ヒトデから、30cmを超える個体まで、観察されるサイズは大小さまざまだ。

「海水温が高い状態が続くと、オニヒトデは繁殖しやすくなる。串本の海には大型のオニヒトデが残っているので、またいつ2004年のような大発生が起こるかわからない状況だ」(野村さん)

2-5 北へ逃げるサンゴ

前節で紹介した和歌山県・串本の海は、日本の沿岸海域のなかでも、南方系サンゴの増加が特に目立つ場所だ。そして、海水温の上昇にともなうサンゴの分布変化は近年、国内のほかの海域でも報告されている。

千葉県・館山市沖もその一つだ。私は2010年7月、NPO法人「OWS」の調査に同行し、館山の海で潜水取材をおこなった(**写真2-22**)。調査では、岩礁域の海底に定着したテーブル状サンゴが、冬を越して成長し続けているようすを確認した。直径20cm近いものもあり、定着してから年数が経っていることが推測された。

千葉県・房総半島は、太平洋側のサンゴ分布の北限にあたる。サンゴにとっては水温条件が生存するうえでギリギリの高緯度となるため、いったん定着してある程度の大きさに育ったサンゴでも、寒波の年には死滅するケースがある。そして、翌年以降には、また新たなサンゴが定着し、越冬して群体が成長するといったことが繰り返されている。

写真2-22
千葉県館山市沖でおこなわれたサンゴの調査
(©朝日新聞社)

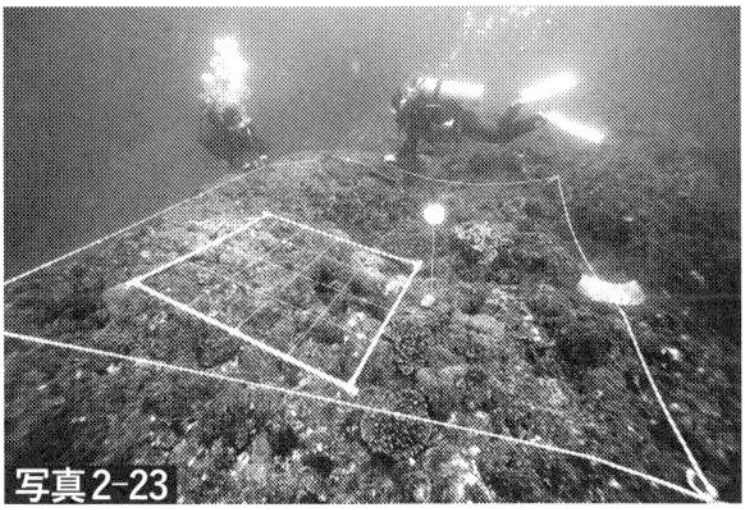
写真2-23
分布するサンゴの種類や数を調査する研究者
(静岡県・伊豆半島、©朝日新聞社)

２０１１年10月には、静岡県・伊豆半島で国立環境研究所の潜水調査に同行した。千葉でも静岡でも、近年目立つようになったのはテーブル状のサンゴだ。サンゴの北上にともなって、以前は観察されなかった種類のカニが見つかるなど、生物相の「亜熱帯化」の兆しが見られる。

伊豆半島の調査現場は、西伊豆・田子の沿岸だった。潜水スーツに身を包んだ国立環境研究所の山野博哉さんと杉原薫さんが空気タンクを背負い、チャーター船から海へ飛び込んだ。私も、すぐその後を追う。

先に潜った山野さんら２人は、水深６ｍほどの岩礁域で、海底にへばりつくようにしてサンゴを撮影したり、その種類や量などを記録する作業を続けた。こうした記録を何年も続け、集計することで、海底を覆うサンゴの種類や面積の変化を数値化する（**写真２－23**）。

富士山を望む海底に南国の光景が

西伊豆・田子の海に潜水した私は、水中マスクごしに周囲の海底を見渡した。円形や楕円《だえん》形のテーブル状サンゴが、岩々の上に点在しているのが見える。それぞれの群体はかなり大きく、直径30㎝ほどのものも珍しくない。特に大きな群体は、60㎝近くに達していた（**写真２－24**）。

伊豆半島の海にはもともと、いくつかの種類のサンゴが生息している。しかし、テーブル状サ

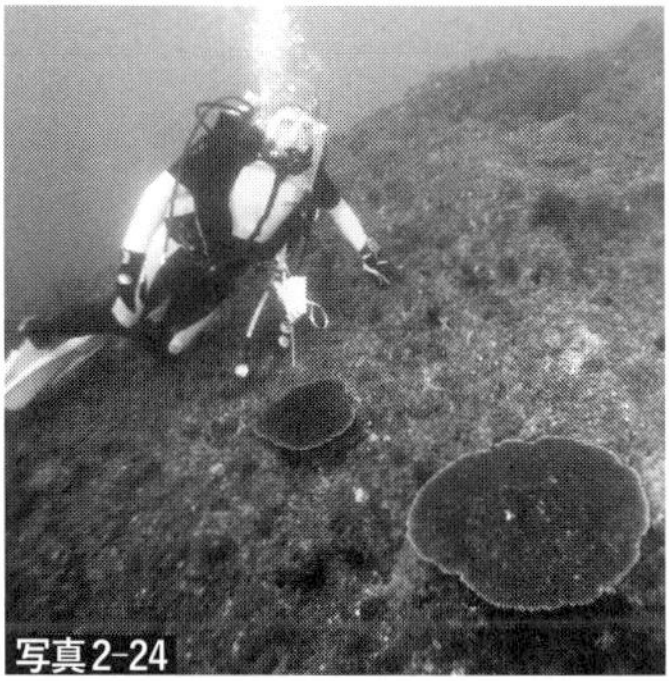

写真2-24
静岡県・田子沖で潜水取材中の筆者とテーブル状サンゴ（Ⓒ朝日新聞社）

写真2-25
雄大な富士山のシルエットが浮かぶ西伊豆・田子の海（山本智之撮影）

ンゴのエンタクミドリイシは、本来は南九州や四国などの温暖な海に多い南方系サンゴで、１９７０年代に伊豆半島でおこなわれた調査では、分布の記録がまったくなかった種類だ。

調査では、海底３ｍ四方あたり最大で５群体が確認された。冬場の海水温が底上げされた影響で近年、数が増えているといい、伊豆半島西部の田子地区沿岸だけですでに１０００を超す群体が定着したとみられている。

田子地区は、雄大な富士山の姿を望む景勝地だ（**写真2-25**）。裾野を広げる富士山と青い海。その美しい眺めは長年、多くの人々に親しまれてきた。しかし今、その海面下にはたくさんのテーブル状サンゴが定着し、まるで南国のような海中景観へと変貌しつつある。人目につきにくい海の底で、静かに、しかし着実に、生態系の変化が進行しているのである。

陸上生物より2桁も速い「北上スピード」

サンゴの分布は、いったいどのくらいのスピードで変化しているのか。

山野さんらの研究チームは2011年、日本の造礁サンゴ約400種のうち、種子島以北に分布する約150種について、国内の分布状況を解析した。過去80年間の論文や報告書のデータと、国内10海域での潜水調査データをもとに、分布が北上する速度を計算した。

比較的浅い海底に分布するサンゴで北上現象が特に目立つ4種のうち、北上ペースが最も速いのは、樹枝状サンゴのスギノキミドリイシだ。東シナ海沿いでは、1988年には種子島が北限だったが、2008年には約280km北の五島列島・福江島にまで北上した。年間14kmというハイペースで北上したことになる。

エンタクミドリイシは北上スピードが比較的遅い種類とされるが、それでも太平洋沿いで年間2～5km、東シナ海沿いでは年間8kmのペースで北上していることが確認されている。

研究チームによると、サンゴの分布の北上スピードは、平均的な陸上生物に比べて2桁も速い。その原因として、サンゴの幼生が海流によって短期間に遠くへ運ばれやすいことが挙げられるという。

セットで進行する「白化」と「北上」

海の生物の分布は、わずか1℃前後の水温変化にも大きく左右される。サンゴの分布変化については、特に冬場の水温が底上げされたことによる影響が大きい。

現時点では、日本のサンゴ分布の北限は、太平洋側は房総半島、日本海側は佐渡とされている。しかし、温暖化が進む将来、そのラインはさらに北へと広がりそうだ。

沖縄を中心とした南の暖かい海では近年、高水温によるサンゴの白化現象が深刻化しているが、同時に、一部のサンゴは日本列島に沿って分布を北へとシフトさせつつある。つまり、「大規模な白化」と「分布の北上」という、サンゴをめぐる2つの異変はセットで進行している。あたかも、熱くなりすぎた南の海から、サンゴが逃げ出そうとしているかのように――。

2-6　東京湾に現れた「シオマネキ」――北上する南方系のカニたち

日本の海にすむカニは1000種余りが知られているが、左右のハサミの大きさは同じものが多い。しかし、スナガニ科のシオマネキ（*Tubuca arcuata*）は、オスのハサミが片方だけ極端に

写真2-26
大きなハサミが目を引くオスのシオマネキ（山本智之撮影）

写真2-27
ハクセンシオマネキ（山本智之撮影）

写真2-28
東京湾に出現したシオマネキ（千葉県木更津市、相澤敬吾さん撮影）

大きくなる。

シオマネキのオスは、大きなハサミを振り動かす「ウェービング」をおこなう。そのハサミの動かし方が、まるで満ち潮を手招きしているように見えることから、「潮招き」という名前がつけられたという（**写真2－26**）。奈良女子大学名誉教授の和田恵次博士（現・いであ大阪支社技術顧問）によると、オスがウェービングをするのは繁殖期で、メスに求愛したり、オスどうしが互いに牽制《けんせい》しあったりするのが目的だという。

オスのハサミのうち、左右どちらが巨大化するかは、個体ごとにバラバラだ。シオマネキやその近縁種であるハクセンシオマネキ（*Austruca lactea*、**写真2－27**）の場合は、右のハサミが巨大化する個体と、左のハサミが巨大化する個体の比率は、ほぼ1対1である。

生息しないはずの東京湾に出現

シオマネキは、西日本の暖かい海を中心に分布する南方系のカニだ。ところが近年、これまで生息していなかった東京湾沿岸に、複数の個体がすみついていることが判明した。

東京湾に面した千葉県木更津市の干潟で２０１５年、６個体が確認されたのである。うち5個体は、体のサイズから、生後すでに３年ほどが経過していると推定された。なかには、大きなハサミをもつ立派なオスも含まれていた（**写真2－28**）。

同年9月には、オスがハサミを振り上げてメスを誘う繁殖行動も観察された。調査結果を２０１６年３月、東北大学の柚原剛・博士研究員と千葉県立木更津東高校の相澤敬吾教諭（当時）が論文にまとめて発表した。この年の夏には、20個体以上のシオマネキが確認されている。

私は、相澤さんの案内でシオマネキが発見された現場を訪ねた。東京湾に注ぐ小櫃《おびつ》川の河口干潟で、近くには潮干狩り場、その先には、東京湾を横切って千葉県と神奈川県を結ぶ東京湾アクアラインがある。シオマネキが見つかったのは、ヨシ原に沿って広がる泥干潟だ。人影が少なく、とても静かな場所だった。

相澤さんは高校の理科教諭をしながら週に2～3回、この干潟に通って生物の観察を続けていた。その際中に、シオマネキを発見したという。東北大学の柚原さんも現地を訪れ、種の同定をおこなって論文にまとめた。相澤さんによると、2015～2020年にかけて、少なくとも5年連続で越冬が確認されている。

絶滅危惧種に指定されているが……

シオマネキは日本のほか、台湾やベトナム、朝鮮半島、中国大陸に分布する。国内で特に多く生息するのは、九州の有明海沿岸や四国の徳島県・吉野川河口域だ。

海辺のうち、満潮線と干潮線のあいだのエリアを「潮間帯《ちょうかんたい》」とよぶ。シオマネキの生息場所は、潮間帯の上部の満潮線付近だ。つまり、海辺の湿地のなかでも、特に岸寄りの場所をすみかとして利用している。このため、護岸工事などにともなって生息地が奪われやすい。各地で海辺の開発が進み、生息地が減ったシオマネキは2006年、環境省のレッドリストで「絶滅危惧Ⅱ類」に指定されている。

写真2-29
シオマネキの塩辛。九州地方で生産されている（山本智之撮影）

シオマネキは、九州地方で昔から食材として親しまれてきたカニでもある。有明海沿岸では、干潟にすむ小型のカニを生のまま殻ごとすりつぶし、塩や唐辛子などを加えて塩辛をつくる食文化がある（**写真2－29**）。

黒潮が幼生を運んだのか

シオマネキの生息域は元来、紀伊半島が北限だった。ところが、その分布域の北限がいま、次々と塗り変わりつつある。和田さんらの研究グループは2004年、シオマネキが従来の分布域を超えて、静岡県・伊豆半島に生息しているとする調査結果をまとめ、学会誌に論文を発表した。そして今回、新たに東京湾でも、生息が報告されたのだ。

シオマネキは、どのようにして東京湾にやって来たのか？

和田さんは「九州産のアサリを東京湾に撒《ま》くときに、混入していたケースも考えられる」としたうえで、「南の海域で生まれた幼生が、黒潮に乗って東京湾にたどり着いた可能性がある」と指摘する。いずれにしても、昔に比べて暖かくなった影響で、東京湾に入り込んだシオマネキが冬を越しやすくなっているとみられる。

シオマネキが幼生として浮遊する期間は約1ヵ月あり、うまく黒潮に乗れば、四国から東京湾にたどり着くことは可能だ。ただ、かつては幼生が東京湾に漂着したとしても、寒い冬を越えて生き続けるのは難しかった。東北大学の柚原さんも「温暖化や都市化にともなう冬場の気温や海水温の上昇によって、シオマネキが東京湾で越冬を繰り返せるようになった可能性がある」とみている。

写真2-30
ツノメガニ

写真2-31
ナンヨウスナガニ

（いずれも和田恵次さん提供）

東京湾の干潟では2012年、東邦大学の風呂田利夫・名誉教授によって、シオマネキの近縁種であるハクセンシオマネキの出現も報告されている。本来は伊豆半島以南～種子島、韓国、中国大陸からベトナム、台湾などに分布するカニである。

じつは、分布の北上が報告されている海辺のカニたちは、シオマネキの仲間だけではない。琉球列島以南の亜熱帯の砂浜をおもな分布域とするツノメガニ（*Ocypode ceratophthalma*）やナンヨウスナガニ（*Ocypode sinensis*）といった南方系のカニたち（**写真2－30、31**）も近年、以前はあまり姿が見られなかった地域での観察数の増加や、分布の北上が報告されている。

和田さんによれば、和歌山県の和歌川河口や白浜では、1970年代にはスナガニ（*Ocypode stimpsoni*）の姿が多く見られた。スナガニは、北は北海道にまで分布する温帯性のカニだが、2000年ごろから和歌川河口や白浜ではあまり見られなくなり、その代わりに、南方系のツノメガニの若い個体が目立つようになった。

和田さんは「ツノメガニはスナガニに比べて肉食性が強い。もともと分布していたスナガニの稚ガニを、南方系のツノメガニが襲って食べている可能性がある」と指摘する。

南方系のナンヨウスナガニもまた、2000年ごろから紀伊半島でしばしば観察されるようになった。

和田さんらが2018年に発表した論文によると、ツノメガニは、静岡県・伊豆半島（6ヵ所）と千葉県・房総半島（3ヵ所）のすべての調査地点で、生息が確認されている。また、ナンヨウスナガニも伊豆半島の6ヵ所の調査地点中4ヵ所で、房総半島では3ヵ所の調査地点中2ヵ所で、それぞれ見つかった。

最近まで、ツノメガニは東京湾、ナンヨウスナガニは相模湾が、それぞれ本州の太平洋側における分布の北限とされていた。しかし、2017年に千葉県の九十九里浜でツノメガニとナンヨウスナガニが採集され、同年にはさらに高緯度の茨城県沿岸でもツノメガニが確認されている。従来の太平洋沿岸の分布の北限を塗り替える記録として、論文に報告された。

このほか、オサガニ科に属し、甲羅の幅が2・5㎝ほどになるヒメヤマトオサガニ（*Macrophthalmus banzai*）も、分布域の北上傾向が指摘されている。ヒメヤマトオサガニは1980年代に和田さんが新種として報告したカニで、西日本や韓国西岸、中国南部から台湾に生息する。国内での分布はかつて紀伊半島が北限とされていたが、近年は静岡県へと分布が北上し、2016年には神奈川県・三浦半島でも採集されて、2018年に論文報告された。

相次ぐカニたちの分布の北上現象について、和田さんは「温暖化による冬場の気温の底上げが、分布の変化に影響している可能性がある」と指摘する。干潟や砂浜に暮らす小さなカニたちの暮らしぶりについて、私たちがふだん、思いをはせる機会は少ないかもしれない。しかし、その分布地図はじわじわと、しかし確実に塗り変わりつつある。

2-7 大阪湾——変わる「魚庭の海」

「なにわ」の語源は「魚の庭」!?

大阪のことを指す「なにわ」という言葉は、漢字では「難波」や「浪速」「浪花」など、さまざまな表記の仕方がある。その語源を、「魚庭《なにわ》」だとする説があるのをご存じだろうか。魚の庭、つまり「魚が多く獲れる場所」という意味で、大阪湾が古くから魚介類の豊富な海であったことを示すのだという。

大阪湾には、食用になる魚介類だけで約230種が生息している。ここを舞台に、海の環境や水産資源をテーマとして調査・研究に取り組んでいるのが、大阪府立環境農林水産総合研究所の水産技術センター（大阪府岬町）だ。大阪湾の海水温や塩分、透明度など、さまざまな調査データの収集は、水産技術センターの重要な仕事の一つだ。１９７２年から毎月1回のペースで、湾内の20ヵ所で船舶を使った定点調査を続けている。

長年蓄積してきたデータを分析したところ、大阪湾の表層海水の温度（20ヵ所の平均値）は、過去45年間で１・０１℃上昇したことが確認された。底層海水の温度上昇が同０・８５℃なのに対し、表層海水は上昇幅がやや大きい。その理由について、秋山諭・主任研究員は「底層に比べ、表層は大気とじかに接しており、気温上昇の影響を受けやすいため」と説明する。

特に夏季は、暖められて軽くなった海水が海面付近の表層にたまり、海水が上下に攪拌《かくはん》しにくくなる。このため、底層に比べて表層の海水温のほうが高い状態が際立つ。大阪湾の海水温が上昇した原因としては、温暖化による長期的な海水温の上昇傾向だけでなく、ヒートアイランド現象に代表されるような都市部の気温上昇の影響も考えられるという。

秋山さんが湾内の海水温の上昇パターンを分析した結果、「夏場に上昇しきった海水温が、秋になってもなかなか下がらない」という近年の傾向が浮かび上がった。

食用魚のアイナメ（*Hexagrammos otakii*）はかつて、大阪湾では底引き網や刺し網でたくさん漁獲されていた。しかし、海水温の上昇が特に目立つようになった１９９０年代半ばを境に、漁獲量が激減した（**図2－32**）。アイナメは、北は北海道沿岸にまで分布し、大阪湾の魚類のな

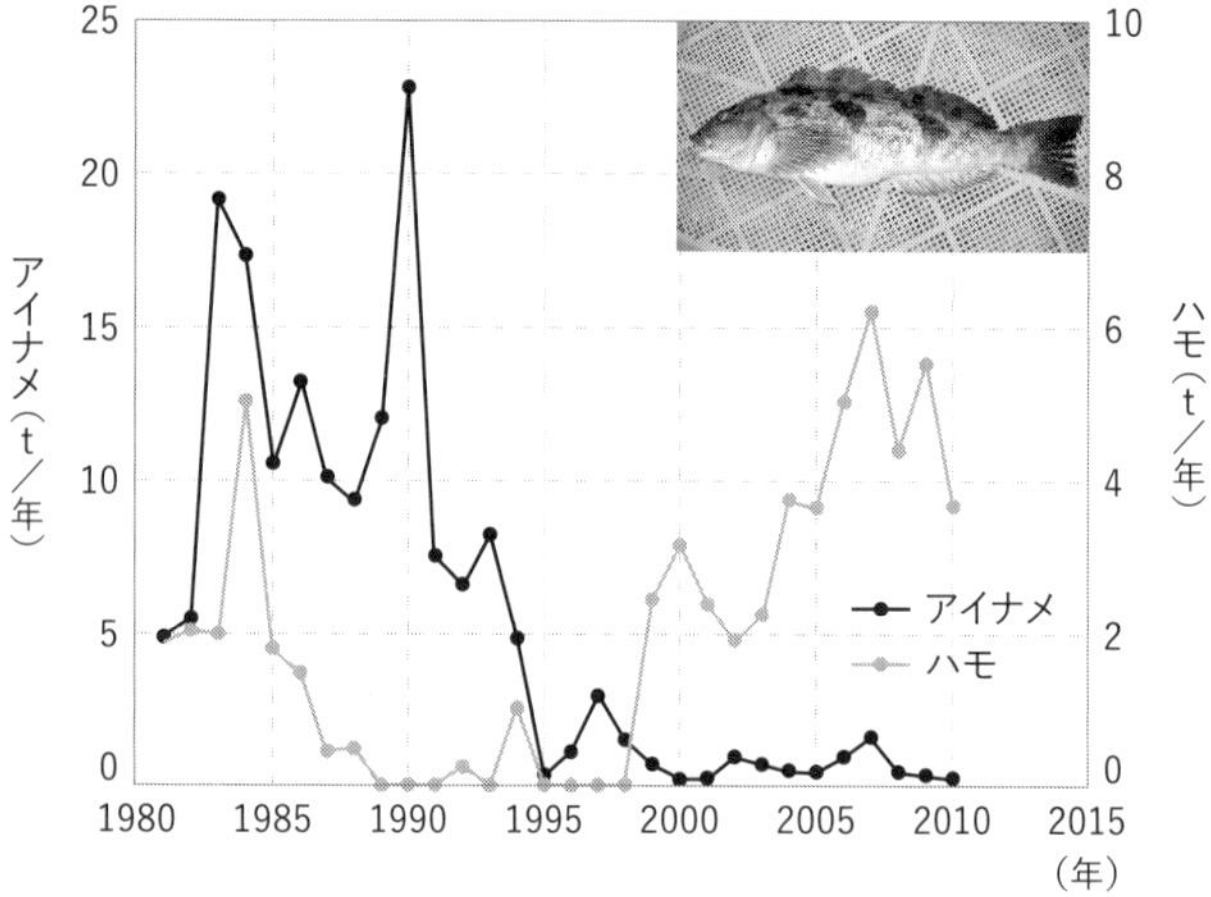

図2-32　大阪湾では近年、アイナメが減り、ハモが増加した（主要漁協の底引き網による漁獲データを抽出）（秋山諭・中嶋昌紀、水環境学会誌、2018より引用、右上のアイナメ写真は鍋島靖信さん提供）

かではやや北方系の種と位置づけられている。

主幹研究員の大美博昭さんは「アイナメが減少した原因としては、乱獲など漁業による影響よりも、海水温上昇など環境変化のほうが大きいのではないか」と指摘する。

増えるハモ、減るマアナゴ

アイナメの産卵期は、秋から初冬だ。先に述べたように、大阪湾では近年、秋になっても海水温の高い状態が続きやすくなっている。産卵期の水温が下がりにくくなったことが、大阪湾のアイナメ資源になんらかの影響を与えた可能性が考えられる。

じつは、海水温がアイナメに与える影響

に関しては東京湾での先行研究がある。冬季の海面水温が高いとアイナメの釣果数が減る傾向があるとする論文が、2015年に発表されている。

大阪湾では、かつてのようにアイナメが獲れなくなったが、対照的に、比較的暖かい海を好むハモ（*Muraenesox cinereus*、**写真2－33**）の漁獲量が、1990年代後半から急激に増加している。ハモは、日本海・東シナ海側では佐渡～九州南部、太平洋側では福島県～九州南部に分布し、大阪湾の魚類のなかでは南方系の種とされている。ハモの漁獲増を招いたメカニズムは未解明だが、大美さんは「湾内の海水温上昇が、ハモの分布に影響を与えた可能性がある。今後詳しく調べてみる必要がある」と話す。

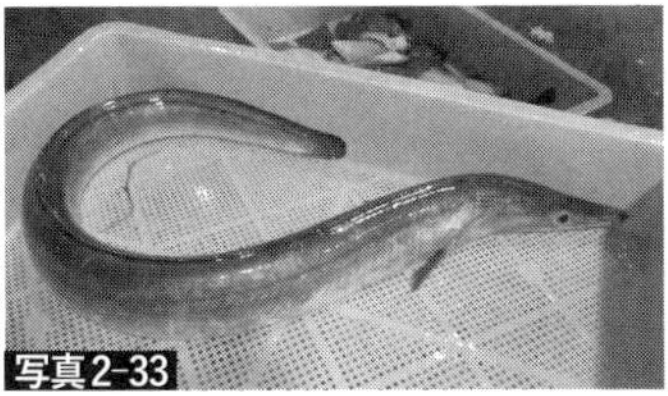
写真2-33
ハモ（鍋島靖信さん提供）

大阪湾で明らかになった水温の変化は、45年間で約1℃の上昇だ。しかし、海の生き物たちは、わずか1℃の水温変化にも敏感に反応していると考えられる。

ハモと同様に細長い姿をしたマアナゴ（*Conger myriaster*）も、大阪湾の名物の一つだ。大阪府南西部の泉州地方では、穴子寿司などのマアナゴを使った料理が古くから親しまれてきた。しかし、分類学上は同じ「ウナギ目」に属しながらも、大阪湾のハモの漁獲量は近年増加し、逆に、より高緯度まで分布するマアナゴは、1990年代後半から減少傾

写真2-34A

ハモの落とし（京都市内、山本智之撮影）

写真2-34B

ハモを使った椀物（大阪市内、山本智之撮影）

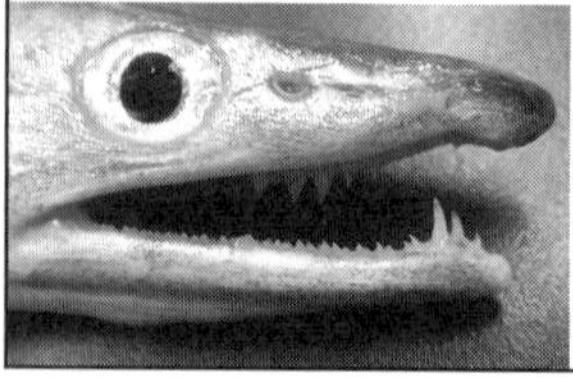

写真2-34C

ハモの頭部。口の中には鋭い歯が並ぶ（鍋島靖信さん提供）

向が続いている。

透明な柳の葉のような姿をしたマアナゴの「レプトセファルス幼生」は、黒潮に乗って紀伊水道から大阪湾に入り、変態してシラスアナゴとなって海底で暮らすようになる。

ただし、マアナゴの幼生は高水温が苦手だ。このため、冬季の海水温が上昇したことで、大阪湾に入ってくる量が減ったと研究者たちはみている。

大阪府のアナゴ類（おもにマアナゴ）の漁獲量は、１９９０～99年には平均で年間５４０トンあった。しかし、２０００～２００９年は同３４８トンと90年代の６割に減少し、２０１０～２０１６年には同66トンと、じつに90年代の１割ほどに落ち込んでいる。

ハモやマアナゴは、湾内の生態系における上位の捕食者だ。いずれも夜行性で、小魚やエビをエサにしており、その暮らしぶりにはよく似た部分がある。近年の大阪湾では、海の生態系のなかで従来はマアナゴが占めてきた「生態学的地位」（ニッチ）のすき間を埋めるように、ハモが増えているといえそうだ。大美さんはこう予測する。

「水温がさらに上昇して海の生態系がガラッと変われば、たとえばアナゴの押し寿司のような、大阪湾沿いの地域で培われてきた食文化も、変わっていかざるをえないかもしれません」

ハモは小骨が多く、調理の際には「骨切り」が必要だが、関西ではハモの落とし（湯引き）や椀物《わんもの》など、さまざまな料理に使われて人気が高い（**写真2－34A、B**）。さっぱりと上品な味がする白身魚のハモだが、大きく裂けた口の中にはギザギザとした鋭い歯が並び、その性格は獰猛《どうもう》だ（**写真2－34C**）。湾内で増加したハモは、マアナゴを襲って食べることもあるという。実際、解剖したハモの胃の内容物から、マアナゴが見つかっている。

「奇妙なシラス」の正体

大阪湾の水温上昇は、漁業者にとって決して悪いことばかりではない。イワシ類の稚魚（シラス）やタチウオ（*Trichiurus lepturus*）については、水温が上昇したおかげで以前よりも長い期間、漁ができるようになった。

カタボシイワシ（大阪府立環境農林水産総合研究所提供）

大阪湾で水揚げされるシラスの種類は、カタクチイワシ（*Engraulis japonica*）、マイワシ（*Sardinops melanostictus*）、ウルメイワシ（*Etrumeus teres*）の3種だ。ところが2017年8月、マイワシのシラスに似ているが、どこか見慣れない姿の「奇妙なシラス」が、大阪湾で漁獲された。研究者たちが調べたところ、カタボシイワシ（*Sardinella lemuru*、**写真2−35**）という魚の稚魚であることがわかった。

カタボシイワシは本来、おもに九州や琉球列島、東南アジアなどに分布する南方系の魚だ。じつは、大阪湾では2012年10月に、カタボシイワシの成魚も確認されている。カタボシイワシは近年、相模湾など国内各地の海で漁獲されるようになっており、以前よりも分布を北に広げている可能性があるという。

ところで、大阪湾に将来、新たに定着する可能性があるとして研究者たちが警戒している生物がいる。それは、ここまでに登場したハモやシラスなどとは違い、目には見えない微生物だが、私たちに食中毒をもたらしかねない厄介者だ。次節で、詳しく見ていくことにしよう。

2-8 貝を「毒化」させる生物

海中を漂うプランクトンのなかには、食中毒の原因となる毒をつくるものがいる。「有毒プランクトン」とよばれ、その発生海域では、プランクトンをエサにする二枚貝の体内にも毒が蓄積される。有毒プランクトンは貝を「毒化」するのだ。「貝毒」の発生は日本各地で報告されているが、大阪湾でもアカガイ（*Anadara broughtonii*）やアサリ（*Ruditapes philippinarum*）、トリガイ（*Fulvia mutica*）などの食用二枚貝が毒化する現象が繰り返し起きている。

貝毒を起こすプランクトンには、「下痢性貝毒プランクトン」や「麻痺《まひ》性貝毒プランクトン」などさまざまなタイプがある。大阪湾でおもに問題となっているのは、麻痺性貝毒プランクトンだ。毒化した二枚貝を食べると、食後30分ほどで口や手足にしびれが出るほか、重症の場合は呼吸困難を起こして死亡するおそれもある。

いったん毒化した二枚貝も、海水中の有毒プランクトンの量が少なくなれば、徐々に毒が排出されて無毒に戻る。また、各都道府県が貝毒の検査体制を整えており、基準を超えた貝類は流通させないしくみになっている。それでも、２０１８年3月には、大阪府泉南市で友人が採取したアサリを50代の男性がもらって食べたところ、口や手足のしびれが出て入院し、麻痺性貝毒による食中毒と診断された。

厄介なことに、貝が毒化しているかどうかは外見からは区別できず、加熱調理をしても毒素は分解しない。

専門家が警戒する新手の有毒微生物

大阪湾では現在、貝毒を起こす有毒プランクトンの主役は、渦鞭毛藻の一種であるアレキサンドリウム・タマレンセ（*Alexandrium tamarense*、**写真2-36**）という種類だ。しかし、今後さらに湾内の海水温が上昇すると、同じく渦鞭毛藻の一種であるアレキサンドリウム・タミヤバニチ（*Alexandrium tamiyavanichii*）という種類も定着する可能性があるという。前節の末尾で「研究者たちが警戒している」と紹介したのが、まさにこの有毒プランクトンだ。

アレキサンドリウム・タミヤバニチは、フィリピンやタイ、マレーシアなどの海域に分布する熱帯性の有毒プランクトンだ。タミヤバニチは多数の細胞が集まって非常に長い連鎖をつくるという特徴がある。ゴニオトキシン（gonyautoxin）やサキシトキシン（saxitoxin）などの「麻痺性貝毒」を含有しており、海中で増殖したものを二枚貝が体内に取り込むと、その貝は「毒化」する。毒化した貝を人が食べれば、毒素によって神経伝達が阻害され、しびれなどの食中毒症状を起こすおそれがある。

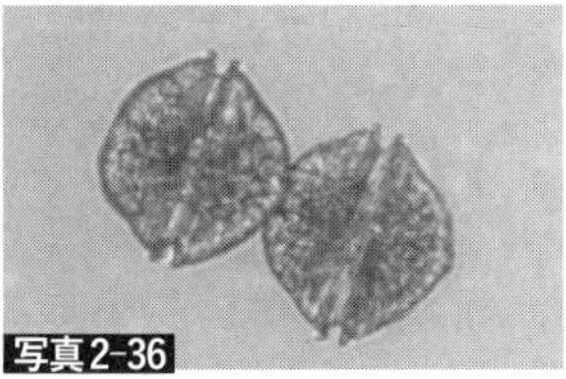

写真2-36
アレキサンドリウム・タマレンセ（長井敏さん提供）

写真2-37
ミドリイガイ（山本智之撮影）

水産研究・教育機構中央水産研究所の長井敏・環境ゲノムグループ長によると、日本で初めて存在が確認されたのは1980年代で、神奈川県・油壺《あぶらつぼ》の海だった。1990年代に入ると日本各地で報告されるようになった。

　国内では幸い、現時点でタミヤバニチによる食中毒は報告されていないが、貝を毒化させた事例は各地で報告されている。沖縄県では1997〜98年に、食用二枚貝のミドリイガイ（*Perna viridis*、**写真2-37**）の毒化事例が確認された。沖縄県衛生環境研究所によると、貝の毒化が起きたのは沖縄本島・大宜《おおぎ》味《み》村《そん》の塩屋《しおや》湾で、2000年に同研究所が東北大学や東京大学と共同でおこなった調査でも、海水からタミヤバニチが検出されている。

　瀬戸内海でも1997年に初めて存在が確認され、2年後の1999年には徳島県や香川県で二枚貝を毒化させたことがわかっている。2001年には、瀬戸内海の広い範囲で出現した。長井さんは当時、瀬戸内海区水産研究所（広島県廿日《はつか》市《いち》市）に勤務していたが、同年12月に広島県福山市の沿岸と広島湾で同時に検出されたのをきっかけに、タミヤバニチに関する研究を始めた。当時の日本ではまだ、その生態はほとんど研究されていなかったという。

長井さんはもともと、瀬戸内海で見られるアレキサンドリウム・タマレンセなどの有毒プランクトンを研究していた。〝古株〟のタマレンセと〝新顔〟のタミヤバニチはともにアレキサンドリウム属というグループに属するが、両者の暮らしぶりは互いに異なっていることが、実験で明らかになった。

大きな違いの一つが、生息に適した温度帯だ。培養実験の結果、タマレンセは8~22℃程度と比較的低温で増殖するのに対し、タミヤバニチは20~32・5℃という高い温度帯で増え、特に27・5~30℃で活発に増殖することが確認された（106ページ、**図2-38**）。

タマレンセは、国内では北海道から山口県にかけて分布するが、世界的に見るとアラスカやロシアのカムチャツカ、北極海などの寒冷な海域にも幅広く生息している。タマレンセは本来、冷水域に生息していたプランクトンが、より南の温帯域へと生息エリアを広げた種なのである。

細胞連結でヘビのような形態に

本来は北の寒い海を中心に分布する冷水性のタマレンセと、熱帯性のタミヤバニチ――。両者は、生息に適した温度帯が違うため、海水中に出現する時期も異なる。

タマレンセは瀬戸内海では毎年、2～5月ごろを中心とした春の時期に出現する。海水中で増殖した「遊泳細胞」の量が多くなると、貝毒を発生させる。水温が高くなる5月中旬には、海水中から姿を消すが、死滅して完全に消え去るわけではない。タネのように硬い殻に覆われた「シスト」（休眠細胞）という状態に変化して、海底の泥の中などにひそむのだ。

シストは、生息するうえで不適な環境を乗り切るための休眠形態で、水温などの条件が整えば、泥の中に隠れていたシストは発芽し、遊泳細胞となってふたたび泳ぎ出す。タマレンセの場合、多い場所では1㏄の泥の中に1万個近くものシストが含まれていることがある。

タミヤバニチの1細胞あたりの毒素の量は、タマレンセと同等か、やや多い程度だ。ただし、タマレンセが通常、細胞どうしがつながっても4個以下にしかならず、最大でも8個ほどであるのに対し、タミヤバニチは8～16個以上が数珠つなぎになり、ヘビのように細長い姿となる（**写真2－39**）。環境条件によっては、200個近い数の細胞がひと連なりになることがある。

日本でもすでに定着開始

2－2節で見たように、熱帯性の魚たちの稚魚は黒潮に乗って本州などの沿岸にたどり着くが、その多くは死滅回遊魚として、越冬できずに命を落とす。それと同じように、熱帯性の植物プランクトンも、黒潮によって高緯度の海域に運ばれても、従来は定着できずに死滅を繰り返し

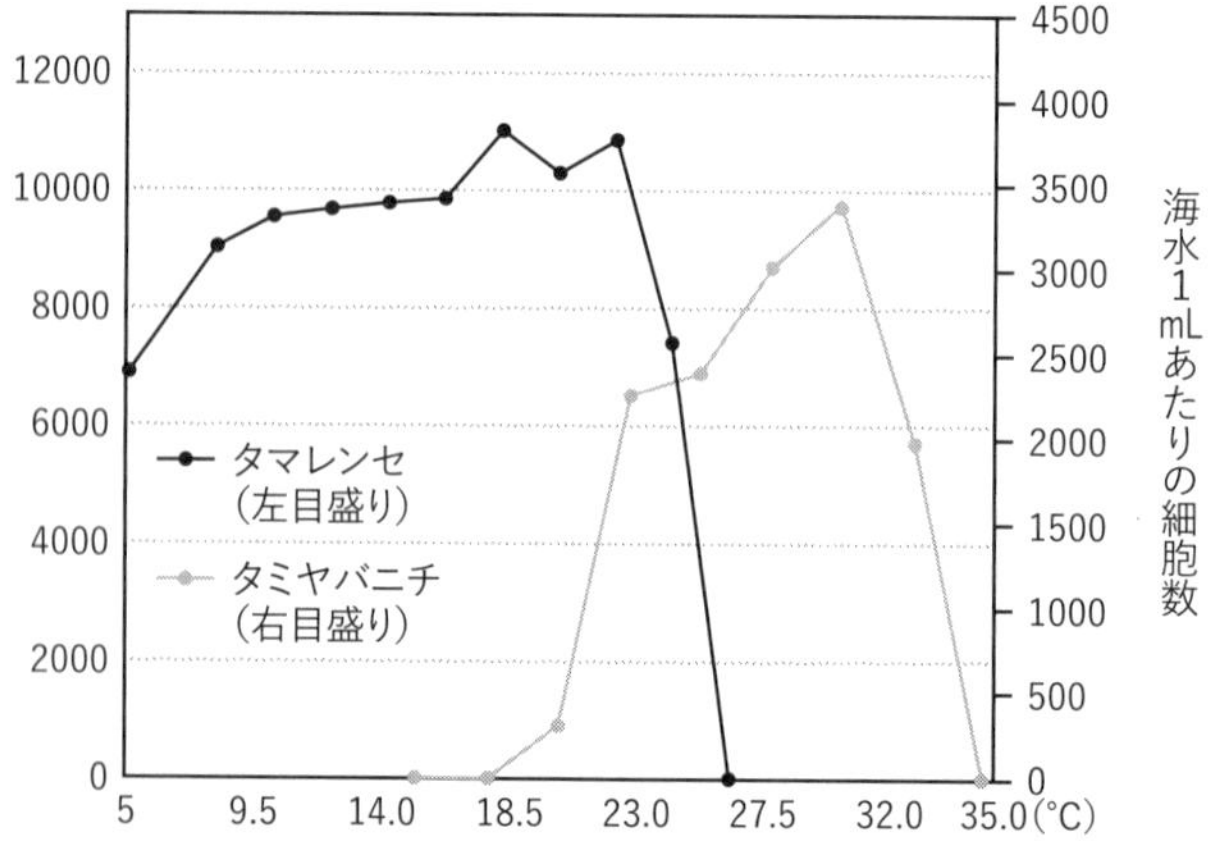

図2-38　温度条件と有毒プランクトンの細胞数（長井敏さん提供）

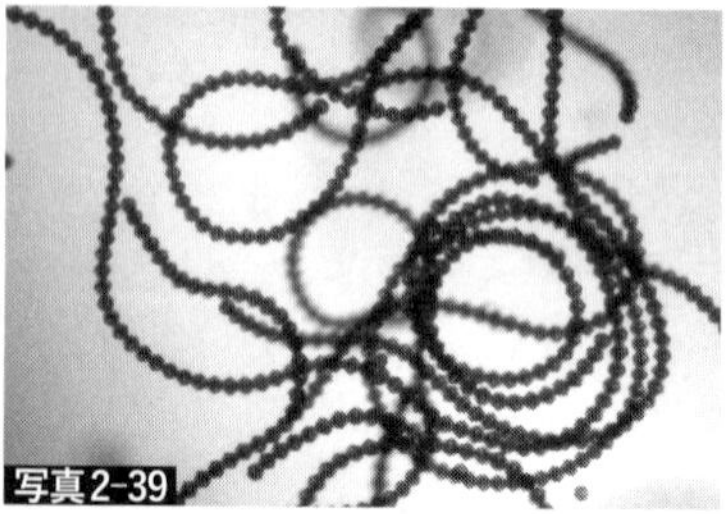

写真2-39
アレキサンドリウム・タミヤバニチ（長井敏さん提供）

写真2-40
ムラサキイガイ（山本智之撮影）

てきたと考えられる。

しかし、長井さんは、熱帯性の有毒プランクトンであるアレキサンドリウム・タミヤバニチが日本国内で定着しはじめているとみている。九州の沿岸や瀬戸内海の一部海域では、シストを形成したタミヤバニチが海底の泥の中などで過ごし、翌シーズンに発芽して泳ぎ出すというサイクルが、すでに確立している可能性があるという。

培養実験によって、タミヤバニチは18℃以下では増殖できないことがわかっている。瀬戸内海では水温が20℃を超すと海底で眠っていたシストが発芽して海中で増加する。7月ごろから増えはじめると推測され、海水温が下がって15℃以下になる12月中旬ごろには海水中から姿を消す。つまり、新顔の有毒プランクトンであるタミヤバニチは、タマレンセとは出現する時期がまったく異なるのだ。

タミヤバニチが近年、国内各地の海に出現するようになった原因について、長井さんは「冬季の水温が上昇した影響で、黒潮に乗って流れ着いたタミヤバニチが生き残りやすくなっている可能性がある」と指摘する。船が重しにするため船内のタンクに入れて運ぶ「バラスト水」に混じることも考えられるが、バラスト水で運ばれたという証拠は見つかっていない。

いずれにしても、海水温が高まれば、それまでタミヤバニチが見られなかった海域でもシストが生き残りやすくなり、定着する確率が高まるといえるだろう。

国内ではこれまでに、二枚貝のマガキ（*Crassostrea gigas*）やアカガイについて、タミヤバニチによる毒化事例が報告されており、最近では2016年11月に、香川県さぬき市でムラサキイガイ（*Mytilus galloprovincialis*、**写真2－40**）が毒化したことが報道された。

今のところ、日本国内での発生海域は沖縄、九州、四国、瀬戸内海が中心だが、海水温の上昇にともなって、今後さらに分布が北に広がるおそれがある。

長井さんは「将来、海水温がさらに上昇すると、タミヤバニチが日本の海でもブルーム（大発生）を起こすようになるかもしれない」と話す。

2－9　毒化する魚たち

「シガテラ中毒」とはなにか

毒化という現象は、貝だけでなく魚でも発生する。

海水温の上昇にともなって、毒化した魚による「シガテラ中毒」の拡大も懸念されている。シガテラ中毒とは、温暖なサンゴ礁の海では、古くから知られているものだ。世界で年間5万人以上が被害に遭《あ》うと推計されており、国内でも沖縄県を中心に毎年、発生が繰り返されている。

シガテラ中毒は、毒化した魚を食べてから1〜8時間ほどで発症することが多い。下痢や吐き気、血圧の低下、体のかゆみ、しびれなど、さまざまな症状を引き起こすが、なかでも特徴的なのが「ドライアイス・センセーション」とよばれる感覚異常で、冷たい物に触れると電気で刺激されたような痛みを感じる。シガテラ中毒で死亡するケースは稀《まれ》だが、重症化すると1年以上も症状が続くことがある。

シガテラ中毒の原因物質は、神経毒の一種である「シガトキシン」(ciguatoxin＝CTX)やその類縁化合物で、「シガテラ毒」と総称される。貝毒と同様、熱を加えて調理しても毒が消えることはない。

毒の元となるのは、微細藻類の渦鞭毛藻のうち、海藻に付着する種類だ。これらの渦鞭毛藻がついた海藻を小型の魚などが食べ、それをさらに大型の肉食魚が食べるといった食物連鎖によって「生物濃縮」が進む。その結果、通常なら食用になる種類の魚も毒化すると考えられている。シガテラ毒は、魚の肝臓のほか、筋肉にも蓄積することが知られている。

厚生労働省の統計によると、2008〜2019年の12年間に、国内でシガテラ中毒を発症した人は167人とされている。しかし、なんらかの症状が出ても行政機関に報告されず、統計に記載されないケースが相当数存在するため、実際の発症者数はさらに多いとみられる。

足立真佐雄・高知大学教授(海洋環境微生物学)が高知県内で住民約300人を対象にアンケ

ート調査をしたところ、海産魚を食べた後にシガテラ中毒の症状を発症したケースが3件見つかった。そのいずれもが、保健所には報告されていなかった。この調査結果からも、シガテラ中毒の実際の発症者数は、公式な統計よりもさらに多いことが窺《うかが》える。

食べても問題のないケースも

シガテラ毒をもちやすい魚のうち、カマス科のオニカマス（*Sphyraena barracuda*、**写真2－41**）は、厚生労働省の通知で食用が禁止されている。そのほか、フエダイ科のバラフエダイ（*Lutjanus bohar*、**写真2－42**）、ハタ科のアカマダラハタ（*Epinephelus fuscoguttatus*）など、シガテラ中毒を起こす可能性のある魚種は多岐にわたり、400種を超える。

たとえば、鹿児島県・奄美大島《あまみ》では2017年、フエダイ科のイッテンフエダイ（*Lutjanus monostigma*）など2匹を鮮魚店で買って食べた8人が、皮膚の感覚異常や下痢などの症状を呈した。奄美大島では前年の2016年にも、ハタ科のバラハタ（*Variola louti*、**写真2－43**）を刺身や唐揚げなどにして食べた3人が、腹痛やしびれなどを発症している。

ただし、すべてのバラハタが毒をもっているわけではない。私自身もこれまでに沖縄で何度も食しているが、刺身にしても煮つけにしても非常に美味な魚である。このあたりがシガテラ中毒の扱いの難しいところだ。

写真2-41
オニカマス（沖縄県・石垣島）

写真2-42
バラフエダイ（沖縄県・宮古島）

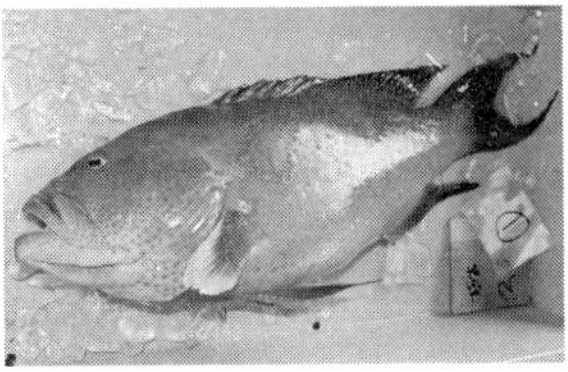
写真2-43
バラハタ
（沖縄県・石垣島）

（いずれも山本智之撮影）

毒化した魚で裁判に

シガテラ中毒を起こす可能性がある魚種のなかには、本州でも食用魚としてなじみの深いアジ科のヒラマサ（*Seriola lalandi*、**写真2－44**）なども含まれる。厄介なのは、これも貝毒同様に、外見からだけでは、その魚がシガテラ毒によって毒化しているかどうか見分けがつかない点だ。

今のところ、シガテラ中毒の原因となるのは、そのほとんどが熱帯・亜熱帯性の魚たちだ。しかし近年、本州や四国、九州では、イシダイ科のイシガキダイ（*Oplegnathus punctatus*、**写真2－45**）によるシガテラ中毒が、相次いで報告されている。

本州では一般にあまり知られていなかったシガテラ中毒が一躍、注目されるようになったきっかけは、2002年に東京地裁が出した判決だ。

写真2-44
ヒラマサ

写真2-45
岩陰にひそむイシガキダイ
（静岡県・伊豆半島）
（いずれも山本智之撮影）

千葉県の料亭でイシガキダイを食べて下痢や手足の感覚異常などを発症した客が「シガテラ毒が原因で食中毒になった」として料亭に損害賠償を求めた訴訟で、客８人に計約１２００万円を支払うよう命じる判決が出た。判決の根拠となったのは製造物責任法（ＰＬ法）で、料理に毒素が含まれていたのは、製造物の欠陥にあたるという内容の判決だった。

イシガキダイによるシガテラ中毒は近年、神奈川県や三重県、和歌山県、高知県、宮崎県などで漁獲された個体でも、相次いで起きている。ただし、前述したバラハタの例と同様に、すべてのイシガキダイが毒化するわけではない。中毒の報告は、イシガキダイのなかでも全長45㎝以上の大型個体で目立つ。これは、シガテラ毒の生物濃縮が、大型の個体ほど進みやすいことと関係しているようだ。

本州の海にも有毒種が進出

高知大学の足立教授らは、シガテラ中毒を起こすガンビエールディスカス（*Gambierdiscus*）属の渦鞭毛藻が、日本の近海でどのように分布しているのか、調査をおこなった。「ガンビエール」の名は、この渦鞭毛藻が発見された仏領ポリネシアのガンビエ諸島に由来し、「ディスカス」は、形が円盤状であることを示している。直径は40～70 μmほどだ（**写真2－46**）。

この属の渦鞭毛藻は、世界で20種類以上が報告されており、種によって毒性があったり、無毒だったりする。日本の海には、オーストラリス（*G.australes*）、スカブロサス（*G.scabrosus*）、タイプ2（G.sp.type 2）、タイプ3（G.sp.type 3）の、少なくとも4種が分布している。このうち、タイプ2は無毒で、それ以外の3種が有毒だ（**表2－47**）。

調査の結果、シガテラ中毒がよく発生する沖縄県の海では、スカブロサスやオーストラリスなどの有毒種が存在する割合が高いことが裏付けられた。有毒種が占める割合は、沖縄本島では63%、より南方の先島諸島では95%にのぼった。一方、本州などの温帯海域では、無毒であるタイプ2が多いことが確認された。

この調査で特筆すべきことは、魚を毒化させる有毒種の分布が、本州中部にまで及んでいるこ

写真2-46
渦鞭毛藻「*G.scabrosus*」の電子顕微鏡写真（高知大の足立真佐雄さん提供）

種名	毒性
オーストラリス（*G.australes*）	有
スカブロサス（*G.scabrosus*）	有
タイプ2（G.sp.type 2）	無
タイプ3（G.sp.type 3）	有

表2-47　ガンビエールディスカス属の渦鞭毛藻4種とその毒性

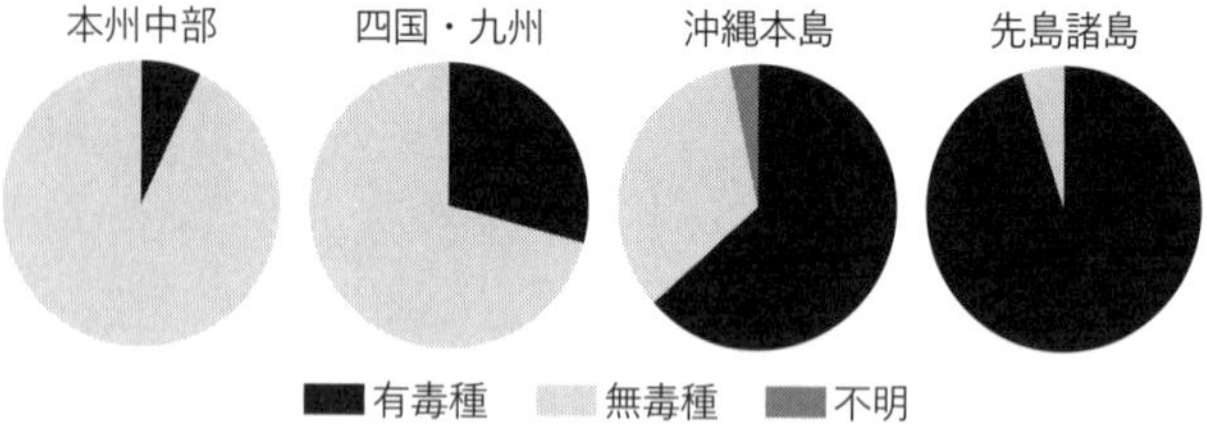

図2-48　海域ごとに異なる有毒種の割合（足立真佐雄さん提供）

とが定量的に裏付けられた点だ。

本州中部の海で見つかったガンビエールディスカス属のうち7％は、沖縄などの海に分布するのと同じ有毒種によって占められていた。四国・九州では有毒種の割合はさらに多く、29％に達していた（**図2-48**）。

調査結果について、足立さんは「頻度は低いものの、本州でも散発的にシガテラ中毒が起こるようになったのは、水温が高い夏場などに有毒種が増殖したためと考えられる」と説明する。

有毒種の勢力が拡大していく？

ガンビエールディスカス属の渦鞭毛藻を対象に、どのような環境条件で増殖しやすいかを調べた実験によると、無毒であるタイプ2は17・5℃の比較的低い水温にも耐えることができ、また、塩分がやや低い場合に最も増殖しやすいことがわかった。この実験結果は、水温や塩分が比較的低い本州などの沿岸に、無毒の種が多く分布している現在の状況と一致する。

一方、有毒種のうちオーストラリスは25℃、スカブロサスは30℃が増殖に最適な水温だという。塩分との関係では、オーストラリスは比較的高い塩分を好むため増殖できる条件が限られるのに対し、スカブロサスは幅広い塩分条件に対応できることもわかった。こうした実験結果から、足立さんは「地球温暖化が進むと、高温で増殖する有毒種の渦鞭毛藻が、本州の海にもはびこることになるだろう。特に、夏場の水温上昇の影響によって、30℃でよく増殖する有毒種のスカブロサスが増え、シガテラ中毒の頻発を招く可能性がある」と警鐘を鳴らす。

海水温の上昇にともなってスカブロサスが勢力を拡大すれば、現時点では散発的にしか被害が報告されていない本州や四国、九州のシガテラ中毒が、より高い頻度で発生するようになると考えられる。また、今のところ本州～九州で注意が必要なのはイシガキダイなど限られた魚種にとどまるが、温暖化が進む将来は、ハタ科やフエダイ科などの幅広い魚種で警戒が必要になるかもしれない。そうした事態に備えて、有毒な渦鞭毛藻のモニタリング体制を整え、魚の毒化が進む前に漁業関係者らに注意喚起できるようにする取り組みが必要だと足立さんは指摘する。

シガテラ中毒は従来、おもに赤道を中心としたサンゴ礁の海で発生してきた。しかし、地球温暖化の進行にともなって、魚食通を悩ませるこの厄介な食中毒は将来、より高緯度の海域へと広がっていくことになりそうだ。

＊

本章では、海水温の上昇にともなって、その分布を変えつつある日本近海の生き物たちの姿を追ってきた。海面水温の動向には、年単位での変動や、10〜数十年規模の変動も関わってくる。このため、すでに起きている異変については、地球温暖化の影響のほかに、これらの要素も加味して考える必要があるが、日本の海の温度は全体的に底上げされており、かつては冬を越えて生きることのなかった種類の魚やカニ、サンゴなどが、生息域の北限を徐々に、しかし確実に高緯度域へシフトさせている。

そして、日本近海に生じつつある「異変」はこれにとどまらない。日本が世界に誇る和食を支えてきたさまざまな魚介類にも、変化の波が押し寄せている。

果たして食卓を彩る「四季」はどのように変わっていくのか。次章で詳しく見ていこう。

第3章

食卓から「四季」が消える

——春のサワラから秋のサンマ、冬のカキ・フグまで

3-1 〈春〉サワラ——急増する日本海で食文化に変容が

春を告げる魚

魚偏《さかなへん》に春と書いて「鰆《さわら》」——。銀色に輝くサワラ(*Scomberomorus niphonius*)は、瀬戸内海に春を告げる魚だ。

サバ科に属し、体表には黒っぽい斑点がある(**写真3-1**)。身はさっぱりとした上品な味で、塩焼きや竜田揚げ、西京焼きなど幅広い料理に使われる。新鮮で脂がのったものは、寿司や刺身も絶品だ。

瀬戸内海で生まれ育ったサワラは、冬季は太平洋の外海で越冬する。水温が上がる春になると、ふたたび瀬戸内海に来遊し、沿岸の海域で産卵する。成魚のなかには、全長が1mを超すような大型の個体も含まれる。

サワラは暖海系の魚で、本来の漁獲域は東シナ海や瀬戸内海とされていた。ところが、1999年を境に、それまであまり水揚げがなかった日本海で、大量に漁獲されるようになった。

水産研究・教育機構東北区水産研究所の木所英昭グループ長によると、日本海では1998年以降、夏から秋にかけての表層水温が急上昇した。その結果、東シナ海のサワラが、暖かい海水に乗って来遊しやすくなったという。

日本海で１９８４～98年に漁獲されたサワラは、年間１００～６００トン台にとどまっていたが、２０００年以降は３０００～１万２０００トン台と桁違いに増加した。現在では、日本海で大量のサワラがとれる状況があたり前になっている（**図3－2**）。

日本海へのサワラの来遊には、海洋環境の10年単位の変動と、長期的な温暖化の両方が関与していると考えられている。木所さんは「10年単位の海水温の変動は、過去にも繰り返されてきた。しかし、日本海でこれほど大量にサワラが漁獲されたことはない。温暖化によって海水温が底上げされたことで、日本海のサワラの増加につながったとみるべきだ」と話す。

写真3-1
サワラ（山本智之撮影）

2種類の系統

日本の海でとれるサワラには、２つの系群がある。瀬戸内海で産卵する「瀬戸内海系群」と、中国沿岸の東シナ海で産卵する「東シナ海系群」だ。東シナ海系群のサワラは５～６月に産

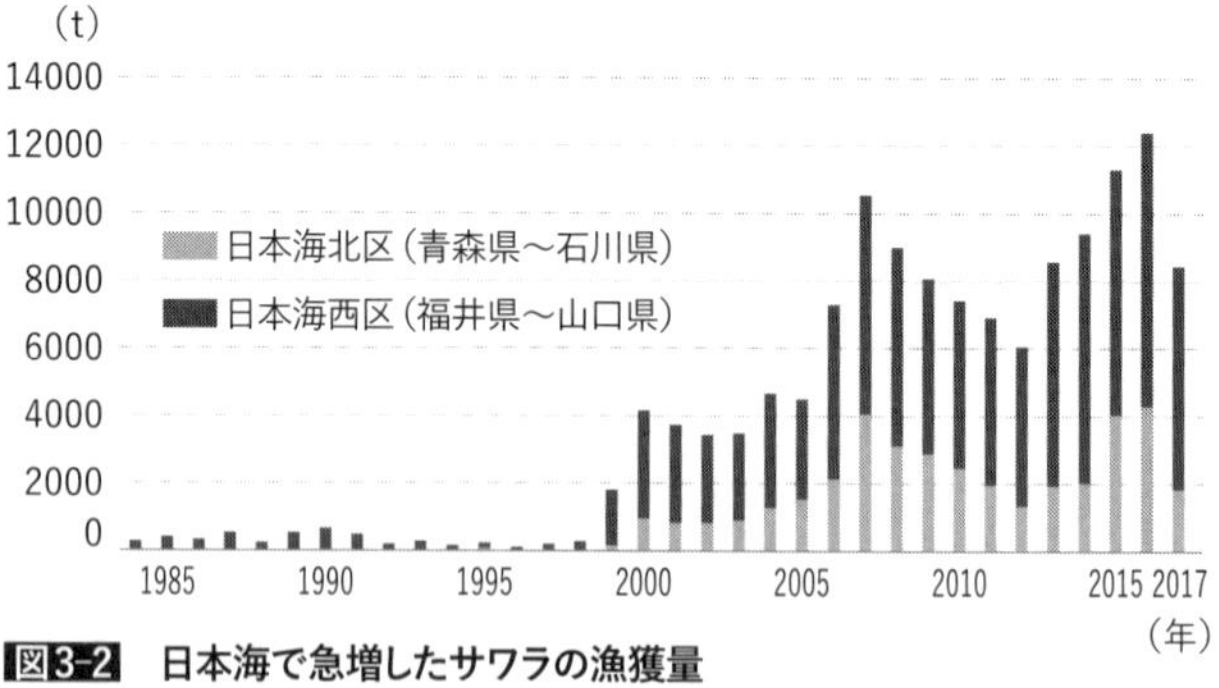

図3-2　日本海で急増したサワラの漁獲量
（水産庁、水産研究・教育機構の資料をもとに作成）

卵する。稚魚は急速に成長し、30㎝ほどになって遊泳力がつくと、9月ごろに日本海へと回遊する。

東シナ海系群のサワラたちにとって、日本海は産卵の場ではなく、カタクチイワシ（*Engraulis japonica*）などの小魚を食べて成長するための場となっている。

秋に日本海にやって来たサワラたちは、そのまま越冬してさらに1年を過ごし、全長70㎝ほどになると産卵のために東シナ海へと戻っていく。その後は、東シナ海で過ごすと考えられている。このため、全長1mを超す個体が見られる瀬戸内海とは違って、日本海のサワラは生後2年まで、かつ全長70㎝までの個体がほとんどを占めている。

日本海でのサワラ漁には、おもに2つのシーズンがある。秋には、その年に東シナ海で生まれ、日本海に入ってきた全長40㎝前後の若魚が、若狭《わかさ》湾などの定置網で漁獲される。サワラは成長にともなって呼び名が変わる出世魚で、このサイズのものは「サゴシ」「サゴチ」などとよばれる。

春には、生まれて2年近くなり、東シナ海へ向けて帰っていく全長70㎝ほどの個体が、富山湾を中心とした日本海の沿岸各地で定置網や釣りなどで漁獲される。この時期は、脂が比較的よくのっており、高値がつきやすい。

東シナ海系群のサワラについて、木所さんは「今は産卵のため東シナ海まで戻っているが、将来、さらに海水温が上昇すれば、日本海で産卵するようになる可能性もある」と指摘する。

ブリにも異変が

サワラと同様に出世魚で、海水温の上昇にともなう分布の北上が指摘されている魚がブリ（*Seriola quinqueradiata*）だ。ブリもまた暖海系の魚であり、かつて北海道ではほとんど漁獲されることはなかった。しかし近年、函館などを中心に水揚げ量が増加している。

北海道におけるブリの増加は、漁獲統計にも表れている。漁業・養殖業生産統計年報によると、ブリ類（ヒラマサ、カンパチを含む）の漁獲量は、年によっては全国の1割近くを北海道が占めるようになった。2016年には、全国の漁獲量10万6756トンに対し、北海道は1万1882トンと、全体の約11％に達した。日本近海でブリの資源量そのものが増えたことが大きな要因だが、海水温の上昇による影響が加わったことで、北海道では道南地方を中心に漁獲量が急増したとみられている。

日本海の沿岸各地ではかつて、サワラの漁獲量が多くなかったため、その加工技術も発達していなかった。急増するサワラをなんとか消費につなげようと、水産総合研究センター（現・水産研究・教育機構）日本海区水産研究所は２０１２年、「サワラ加工マニュアル」という冊子をまとめた。秋に漁獲される小型のサワラを有効利用する方法として、すり身にして「揚げかまぼこ」やソーセージをつくる技術などのほか、「魚醤《ぎょしょう》」づくりの方法なども紹介している。

鮮魚としてのサワラの流通では、山形県の「庄内おばこサワラ」のように、漁業者たちの努力が実り、「ブランド化」に成功するケースも出てきた。

サワラの例が示すように、それぞれの地域で、以前はあまり食べる習慣がなかった暖海性の魚を積極的に利用しようという動きが今後、広がっていきそうだ。海の温暖化への「適応策」として、漁獲量が増えた魚種の販路を拡大したり、地産地消を進めたりといった取り組みが求められる時代になっていくだろう。それは長期的に見れば、国内各地の食文化そのものを、変えていくことになるかもしれない。

3-2 〈春〉イカナゴ——伝統の食文化に迫る危機

春の風物詩――「くぎ煮」

イカナゴ（*Ammodytes japonicus*）の稚魚を甘辛く煮込んだ「くぎ煮」は、兵庫県を中心とした瀬戸内地方の「春の風物詩」だ（**写真3－3A、B**）。兵庫県や大阪府などでは、春になると「新物」のくぎ煮がスーパーの店頭に並ぶ。これらの地域では、生のイカナゴを買って自宅でくぎ煮をつくる家庭もあり、食文化としての「くぎ煮」が根づいている。

イカナゴは、北海道～九州の国内各地と朝鮮半島などに分布する。砂地の海底が広がる内湾を好み、寿命は通常3～4年ほど。銀色の体で、成長すると全長20㎝余りになる。

瀬戸内海でイカナゴの親魚が産卵するのは、12月から1月。卵は直径1㎜前後で、海底の砂の表面に産みつけられる。稚魚は、2月下旬から4月ごろにかけて「船びき網」で漁獲される（**図3－4**）。

イカナゴが暮らすには、潮通しが良く、泥を含まないきれいな砂地の海底が必要だ。ところが、瀬戸内海ではかつて、コンクリートの材料などに使うために各地で「海砂」が大量に採取され、イカナゴの生息が脅かされた。現在は、瀬戸内海各地で海砂の採取が中止されて生息環境の保全が進み、過去の乱獲への反省から資源管理の取り組みが続けられている。

そうした努力にもかかわらず、イカナゴの漁獲量は近年、非常に低いレベルにとどまってい

写真3-3A
大阪湾で漁獲されたイカナゴ（鍋島靖信さん提供）

写真3-3B
イカナゴの「くぎ煮」（兵庫県産、山本智之撮影）

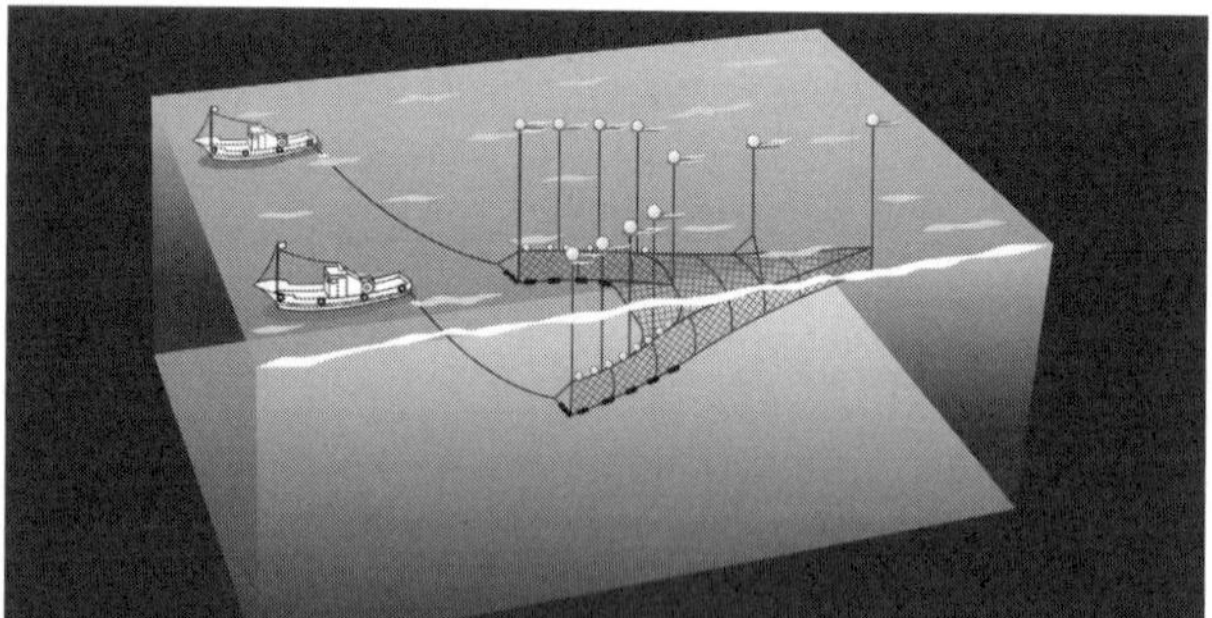

図3-4　船びき網漁業（兵庫県立農林水産技術総合センター水産技術センター提供）

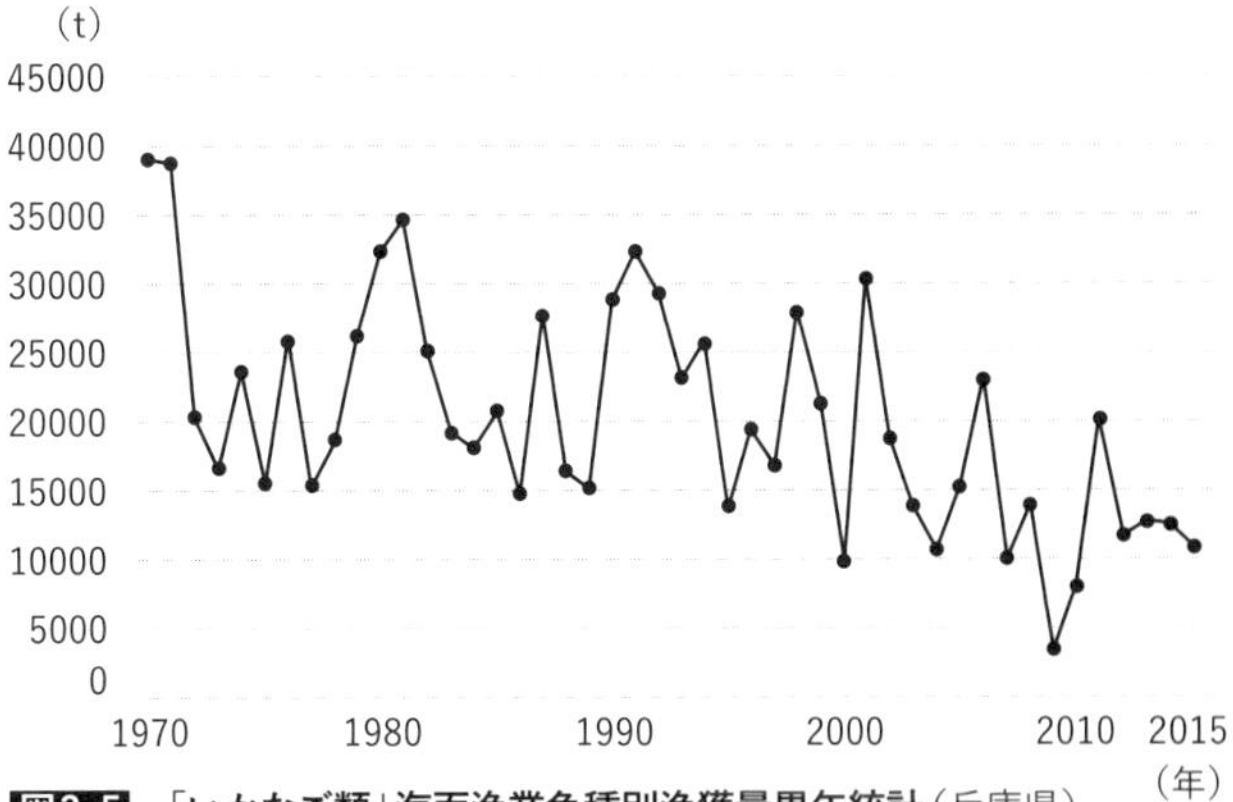

図3-5　「いかなご類」海面漁業魚種別漁獲量累年統計（兵庫県）
（漁業・養殖業生産統計年報より）

る。兵庫県では、船びき網による効率的なイカナゴ漁がさかんになった１９７０年代初頭には、漁獲量が３万５０００トンを超える年もあった。ところが、１９９０年代半ば以降、漁獲量の減少傾向が際立つ（図３－５）。

海洋汚染の改善が生物を減らす皮肉

瀬戸内海のイカナゴは、なぜ減ってしまったのか――。現地でイカナゴの生態を長年研究してきた兵庫県立農林水産技術総合センター水産技術センターの反田《たんだ》實・技術参与は、瀬戸内海の水質の変化が最も大きな要因だと指摘する。

瀬戸内海では、高度経済成長期の１９６０年代から70年代にかけて汚染が進み、赤潮が頻発し、養殖ハマチの大量死が社会問題化した。海の「富栄養化」への反省から、下水処理などの環境対策が進められた結果、瀬戸内海に流入する栄養塩の量が減少した。特に、窒素の流入量が減ったことが、海の生態系に影響を与えているとみられる。水中に含まれる窒素の指標の一つである「溶存態無機窒素」（ＤＩＮ）濃度を、瀬戸内海で１９８０年から２０１０年にかけて30年間分析した反田さんらの研究報告によると、ほとんどの海域で最高時の40％前後まで低下していた。

畑に肥料をまくと作物がよく育つように、海水に溶けた窒素は植物プランクトンの栄養となる。海水中の窒素が減少すると植物プランクトンも減り、それをエサにしている動物プランクトンも減少する。こうして、イカナゴのエサとなる動物プランクトンも減ったと推測されるという。反田さんは「環境対策が進んで瀬戸内海の透明度は向上したが、その反面、イカナゴのエサになるプランクトンは減ってしまった」と話す。

冬眠ならぬ「夏眠」をする魚

イカナゴの生息を脅かす要因として、もう一つ気になるのが、海水温の上昇だ。

気候が温暖な瀬戸内海で長年、たくさん漁獲されてきたイカナゴだが、本来は北方系の魚だ。その証拠に、水温の高い夏になると、体力の消耗を避けるために海底の砂に潜り、「夏眠《かみん》」をする。砂の中にじっと身をひそめて、暑さをやりすごすのだ。

暑さが苦手なイカナゴは、砂に潜って夏眠することで、比較的暖かい海域に適応してきたといえる。瀬戸内海でイカナゴが夏眠を始める目安となる海水温は20℃前後で、6月後半〜7月上旬に夏眠に入り、5ヵ月近くを砂の中で過ごす。その間は、エサを食べることもない。

水温が13℃以下に下がる12月上旬になると、ようやく夏眠を終えて姿を現す。砂から出て1週間から10日ほどすると、産卵をおこなう。

イカナゴは春から初夏にかけて、カイアシ類などの動物プランクトンをたくさん食べ、エネルギー源となる脂肪を体内に蓄える。しかし、海水温が高いと、エサをたくさん食べて体に十分な量の脂肪を蓄える前に、夏眠に入らざるを得なくなる。さらには、水温が高いことで代謝がさかんになり、夏眠中により多くのエネルギーが消費されて体力を消耗してしまう。

実験が示す事実

温度条件の異なる水槽でイカナゴを飼育した実験では、水温が高いほど夏眠中に死亡する個体の割合が高くなることが示された。別の実験では、夏眠する前に食べるエサの量が少ないと、夏眠中に死ぬ個体の割合が増えるという結果も出ている。

イカナゴのメスの卵巣は、砂の中で夏眠中の11月から12月にかけて急速に発達する。つまり、メスは産卵に備え、夏眠に入る前に十分なエネルギーを体内に蓄えておく必要があるのだ。痩《や》せて体内の脂肪が減った状態になってしまうと、たとえ夏眠を経て生き残っても、産むことのできる卵の数が少なくなってしまう。

大阪府立環境農林水産総合研究所の元主任研究員、鍋島靖信さんは、大阪湾の年ごとの平均水温とイカナゴ漁獲量の関係について、1979年から2017年にかけての約40年間のデータを集計し、「年平均水温が高く、夏眠の期間が長い年は不漁になる傾向が強い」と分析する。鍋島さんは、近年の海水温の上昇が、大阪湾のイカナゴを減らす要因の一つになったとみている。

福岡県の場合、1970年代までは、年間のイカナゴ漁獲量が1000トンを超える年も多かった。近年は激減し、福岡県水産海洋技術センターは「九州はイカナゴの分布の南限にあるため、海水温上昇の影響を大きく受けやすいと考えられる」と分析している。

現実に起きている漁獲量減少のメカニズムには、未解明な部分も多い。「海の栄養塩濃度の低下」「人間による漁獲圧」「海水温の上昇」といった要因が、それぞれどの程度の寄与率でイカナゴの資源量減少に影響しているのかについては、今後の研究課題だ。

確実にいえるのは、もともと北方系の魚で、暑さが苦手なイカナゴにとって、さらなる海水温の上昇が深刻な問題であるということだ。海の温暖化が今後さらに進めば、瀬戸内地方で育まれてきた「くぎ煮」にも、大きな影を落とす可能性がある。

3-3 〈夏〉マアナゴ――「2000kmの旅路」に異変が

江戸前の寿司に欠かせないマアナゴは、夏が旬の魚だ。ふっくらと仕上げた「煮穴子」は、とろけるようにやわらかく、濃いうまみが口の中に広がる。

マアナゴはウナギ目アナゴ科に属し、体側に白い点が並んでいるのが特徴だ（**写真3-6**）。沿岸の砂泥底に生息し、日本を含む東アジアに広く分布する。

日本のおもな漁場は、東京湾や伊勢・三河湾、瀬戸内海、日本海西部、東北地方沿岸など。漁業・養殖業生産統計によると、国内のアナゴ類（大部分はマアナゴ）の漁獲量は1995年には1万2978トンあったが、2017年には3422トンと、約4分の1にまで落ち込んでいる（**図3-7**）。

世間の注目は、極端に減って絶滅危惧種に指定されたニホンウナギ（*Anguilla japonica*）に集まりがちだが、じつは同じウナギ目のマアナゴも激減していたのである。

漁獲量の統計データは、そのまま個体数の増減を示すものではない。漁業従事者の減少などにも大きく左右されるが、マアナゴに関しては、成長途中の小さな個体の獲りすぎが長年続いたことが、漁獲量減少の一因と指摘されている。こうしたなか、限られたマアナゴの資源を守りなが

写真3-6
マアナゴ
(山本智之撮影)

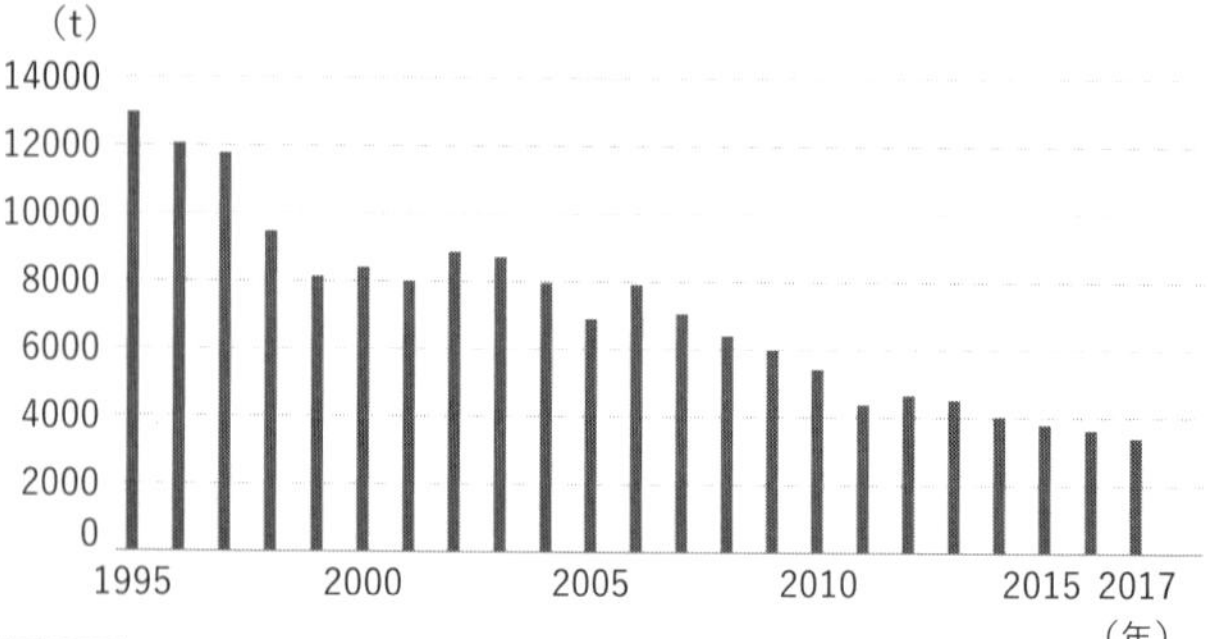

図3-7
全国のアナゴ類の漁獲量(漁業・養殖業生産統計年報より)

ら上手に利用しようと、国内各地の漁業者たちが努力を続けている。

　東京湾で長年、マアナゴ漁を営む横浜市漁協の齋田芳之さんもその一人だ。私は、齋田さんの漁に同行取材した。漁船は、夜明けとともに横浜市の柴《しば》漁港を出港し、エサのイワシ類などを詰めた「あなご筒」を事前に仕掛けておいた海域へと向かう。

　海中に投入された筒は数百本に及ぶ。マアナゴは、エサのにおいに誘われて筒の中に入る。船の上へ筒を引き上げると、丸々と太ったマアナゴが次々と出てきた。

筒はプラスチック製で、太さ10㎝、長さ80㎝。表面には円い穴がずらりと並ぶ。海から上げる際、筒の中の水を外に出す「水抜き穴」だ。穴の直径は以前は9㎜ほどだったため、地元漁協の出荷サイズ（全長35㎝以上）に満たない個体もたくさん獲れたという。齋田さんたちは、穴の直径を広げて小さな個体を海に逃がし、資源の保全を図ることにした（**写真3－8A、B**）。

県の水産研究者や大学が協力して実験し、直径13㎜以上の大きな穴をあければ、小さな個体の混獲を大幅に減らせることがわかった。改良したあなご筒の使用は、神奈川県だけでなく、千葉県や東京都の漁業者にも広がった。食文化としての「江戸前の穴子」を次世代へ伝えようとする取り組みである。

沖ノ鳥島南方で見つかった産卵場――2000㎞の彼方から東京湾へ

アナゴ類の幼生は、「のれそれ」という呼び名で食用に流通している。そのほとんどを、マアナゴの幼生（レプトセファルス幼生）が占めている。生のままポン酢につけて、ツルリとした喉ごしを楽しむ食べ方のほか、寿司の軍艦巻きにも使われる（**写真3－9A、B**）。

ただ、冬から早春に沿岸に現れる幼牛たちは、いずれもすでに大きく育ったものばかり。生まれた直後の幼生が発見されることはなく、マアナゴの産卵場所がどこにあるのかは、長年の謎だ

写真3-8A
マアナゴを捕獲する「あなご筒」をもつ齋田さん

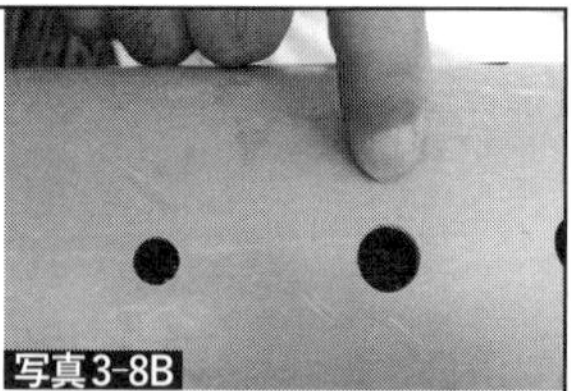

写真3-8B
改良したあなご筒。水抜き穴を大きくし、小さな個体を逃がす

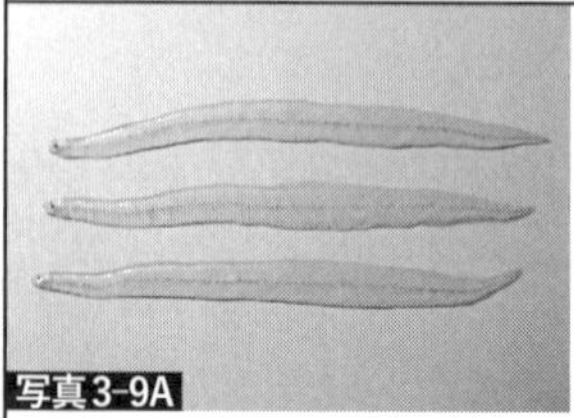

写真3-9A
「のれそれ」として流通するマアナゴのレプトセファルス幼生

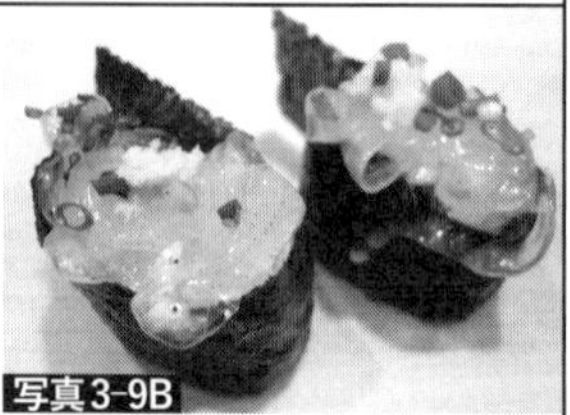

写真3-9B
「のれそれ」の軍艦巻き

（いずれも山本智之撮影）

った。

答えを見つけたのは、水産総合研究センター（現・水産研究・教育機構）と東京大学大気海洋研究所、九州大学の共同研究チームだった。２０１２年に、マアナゴの産卵場は「沖ノ鳥島の南方沖」にあるとする調査結果を論文発表した。

水産庁の漁業調査船「開洋丸」と海洋研究開発機構の学術調査船「白鳳丸」が太平洋でおこなったニホンウナギの産卵場調査の過程で、２００８年に網に入ったサンプルを、研究チームは詳しく分析した。この中に、誕生直後のマアナゴが計８匹含まれていることを、ＤＮＡ鑑定で突き止めたのだ。

最も若い個体は、同年９月に開洋丸に

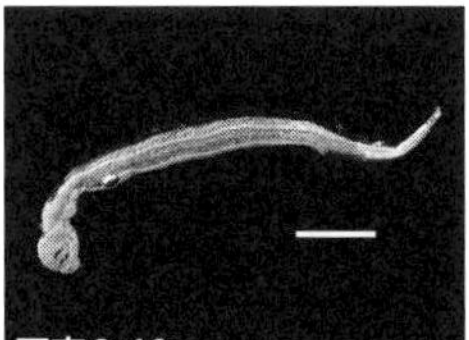

写真3-10
マアナゴのプレレプトセファルス（スケールバーは1mm、水産研究・教育機構提供）

図3-11　孵化後まもないマアナゴ幼生の発見場所（水産研究・教育機構の資料をもとに作成）

よって採集されたもので全長は5・8㎜、まだ歯や顎も形成されていない「プレレプトセファルス」という段階のものだった。発育の状態から、孵化《ふか》後わずか3〜4日と推定された（**写真3－10**）。

生まれてまもないマアナゴの幼生が採集された場所は、日本最南端の沖ノ鳥島から、さらに約380㎞も南の海域だった（**図3－11**）。海流の向きなどから逆算したところ、幼生の採集場所の西方約100㎞に産卵場があると結論づけられた。その場所はちょうど、南北に連なる海底山脈（九州・パラオ海《かい》嶺《れい》）のあたりだ。

ニホンウナギはマリアナ諸島沖で生まれるが、マアナゴの故郷もまた、日本列島のはるか南の海にあったのだ。ニホンウナギの産卵場に比べて北寄りに位置しているが、それでも、マアナゴの名産地である東京湾からは、直線距離にして南に2000㎞も離れている。

マアナゴの産卵場調査に取り組んだ水産研究・教育機構中央水産研究所沿岸・内水面研究センターの黒木洋明・副センター長は、「産卵後のマアナゴが見つかったことはない。卵を産み終えた親魚はおそらく、そのまま死んでしまうのだろう」と話す。

「冷たい水」を好む幼生

マアナゴの幼生は、黒潮に乗って日本の沿岸にやってくる。大海原での旅は、半年ほどの期間とみられている。いったいどんな道行きなのか。

黒木さんによれば、黒潮に乗って旅をする幼生たちは、つねに同じ深さを移動するわけではない。体が小さいうちは100mより浅いところにいるが、全長が6㎝以上に成長するにつれて、100〜300mの深さの「冷たい水」の中へ移動すると推定されている。

関東以西の太平洋沿岸の場合、マアナゴの幼生が現れるのは12月から翌年の4月にかけて。ニホンウナギが黒潮のなかで幼生から稚魚（シラスウナギ）へと変態してから接岸するのに対し、マアナゴは幼生のまま岸にたどり着き、沿岸の浅い海で変態して稚魚になる。

体が透きとおった幼生は、全長10〜13㎝ほどで変態し、親魚と同じ姿の稚魚になる。稚魚は小型甲殻類などの底生動物を食べて大きくなる。個体によって成長速度には差があるが、9〜10月には全長20㎝ほどになり、おもに翌年の春以降に漁獲される。

マアナゴ漁業は、南の海で生まれ、黒潮に乗って北上してくる幼生たちに依存している。ポイントとなるのは、マアナゴの幼生たちが「冷たい水」の中を移動して接岸回遊をする点だ。東京湾を含む関東以西の沿岸では、冬から春にかけて、水温が16℃よりも下がる時期に接岸する。黒木さんによると、幼生の接岸に適した海水温は、ほぼ10〜16℃の範囲にある。このため、マアナゴの漁場のなかでも高緯度に位置する東北地方の太平洋岸では、春に水温が上昇して10℃以上になると、幼生の接岸が見られる（**図3－12**）。

日本に近づいた幼生たちが、接岸時に「冷たい水」の中を好んで移動するということは、冬場の海水温が上昇すると、幼生が接岸しにくくなることを意味する。こうした傾向は、東京湾における過去の調査データでも示されている。

１９９４年から２００４年にかけておこなわれた分析によると、東京湾の湾口部で冬季（２月）の平均水温が高くなると、翌年の東京湾全体のマアナゴ漁獲量が少なくなるという統計的に有意な相関関係が見られた。水温が十分に下がらない年にはマアナゴの幼生の来遊量が減り、それが翌年の漁獲量に影響したと考えられる。

他方で、東京湾では近年、マアナゴのエサとなる生物種について、生物量の減少や種構成の変化が指摘されている。そうした影響のためか、２００５年以降は海水温だけでは漁獲量の減少を

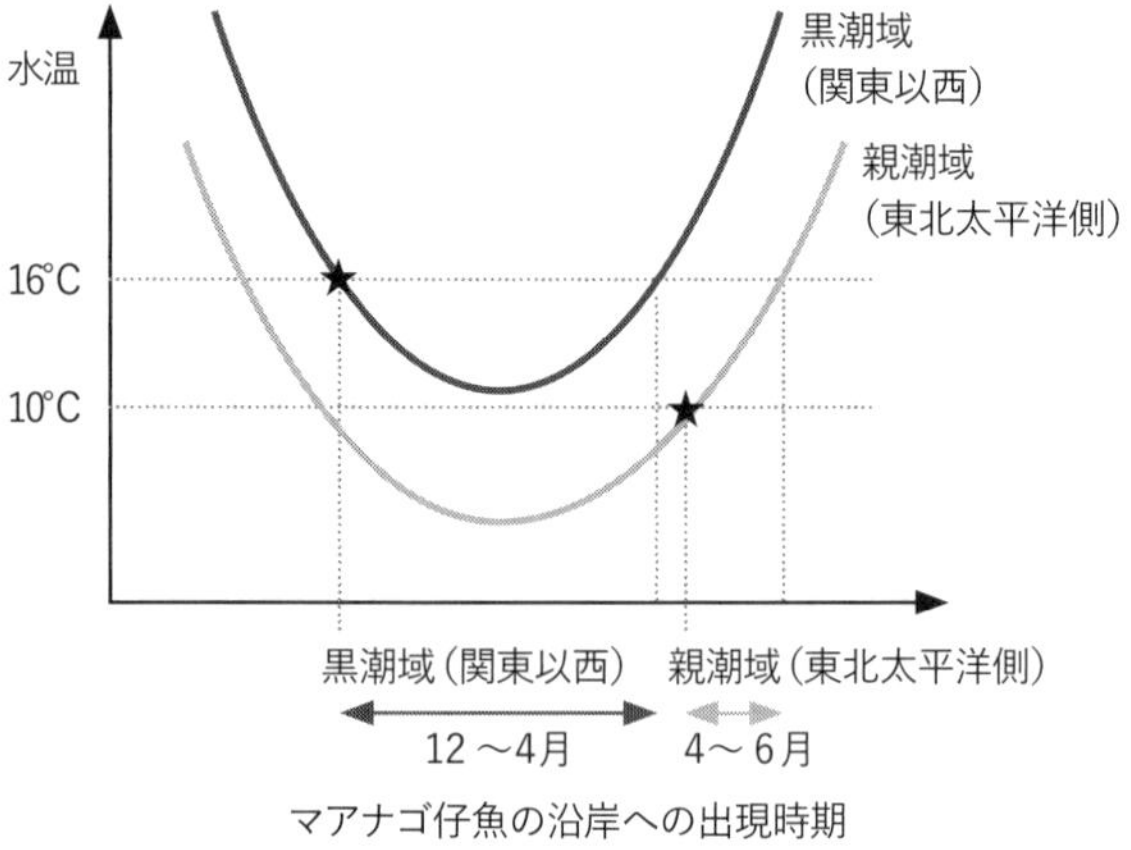

図3-12　マアナゴの幼生が沿岸に出現する時期と水温の関係（黒木、2019より）

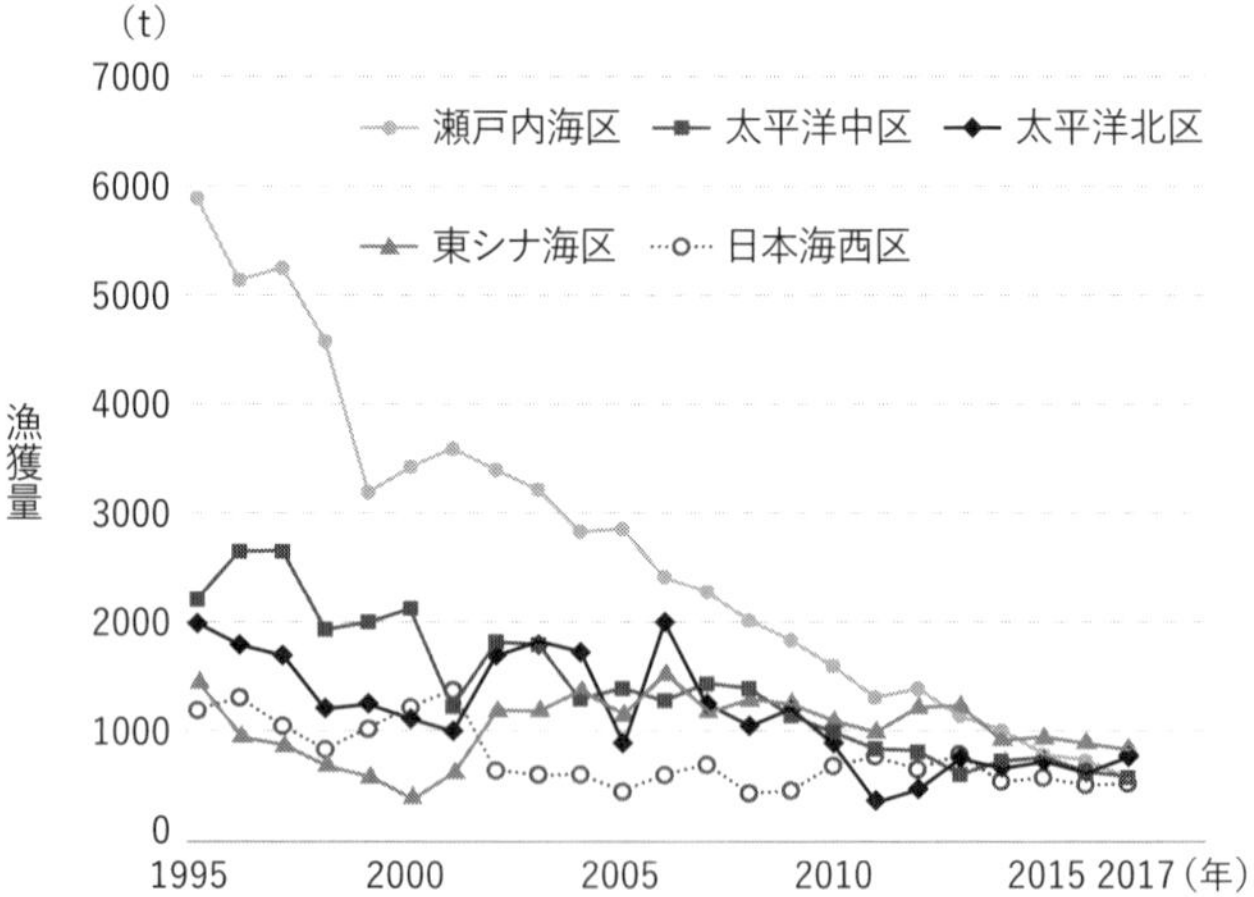

図3-13　アナゴ類の漁獲量（海区別）の変化（水産研究・教育機構提供）

説明できなくなっている。東京湾の状況について黒木さんは、「冬季の水温上昇によって幼生の来遊量が減少したことに加え、湾内に来遊し、定着した後もエサ環境の悪化にさらされた可能性がある」と述べている。

「冬の海」が消える地域では

日本のアナゴ類の漁獲量は全体として減少傾向にあるが、海区別に見ると、「瀬戸内海区」と「太平洋中区」（千葉県〜三重県）での減少が大きく響いていることがわかる（図3－13）。つまり、国内のマアナゴ産地のうち、漁獲量の減少が目立つのは黒潮の影響を受ける太平洋沿岸と瀬戸内海ということになる。

一方で、東北地方を含む「太平洋北区」などでは、近年のデータを見ても瀬戸内海や東京湾のような漁獲量の減少は起きていない。東北地方の太平洋沿岸はもともと海水温が低いため、海水温が上昇しても接岸の時期が早まるだけで、温暖化の悪影響を受けにくいと考えられる。

海水温上昇にともなう負の影響が懸念されるのは、東京湾や伊勢湾、瀬戸内海などだ。これらの産地について、黒木さんは「温暖化が進んで海水温が高くなると、マアナゴの幼生が来遊できる期間が短くなってしまう。幼生の加入量が減ることで、漁獲量の減少につながる。その影響は、すでに出はじめている」と指摘する。

温暖化が進むにつれて、国内各地の沿岸に「冷え込んだ冬の海」が存在する期間は、確実に減っていくだろう。その結果、「冷たい水」を好むマアナゴの幼生は、比較的低緯度の漁場にはさらに来遊しにくくなる可能性がある。漁場は全体的に北へシフトしていくことが予想され、その一方で、マアナゴの食文化が育まれてきた瀬戸内海などの産地では、漁獲量がさらに減ることになるかもしれない。

3-4 〈秋〉サンマ——小型化し、冬が旬に

銀色に輝く刀のような姿——。漢字で「秋刀魚」と書くサンマ（*Cololabis saira*）は、秋の味覚を代表する魚だ。日本の沿岸から北米西岸沖にかけて、北太平洋の広い海域に分布し、外洋を回遊する。サンマの群れが泳ぐのは、海面下から深さ約20mまでが中心で、千島列島から産卵のために南下してくる群れが、日本の近海で漁獲される。

日本近海のサンマの分布域は、冷たい親潮の影響を受ける「親潮域」、暖かい黒潮が流れる「黒潮域」、そして両者のあいだにある「混合水域」という3つの海域にまたがる。サンマの産卵は、秋に混合水域で、冬は南の黒潮域で、翌年の春にはふたたび混合水域でおもにおこなわれ

る。なかでもメインとなる産卵海域が、冬の黒潮域だ。

サンマの回遊においては、エサの動物プランクトンが豊富な冷たい北の海で成長し、暖かい南の海で卵を産むのが基本パターンとなる。

メスの産卵数は個体によっても大きく異なるが、1回あたり2000個前後とされる。直径約2㎜の卵には20本ほどの付属糸があり、流れ藻などの浮遊物に絡みつく。

孵化した仔魚は、海流によって沖合を流される。全長5㎝ほどになって遊泳力がつくと、アリューシャン列島付近などのエサの豊かな北の海に向けて索餌《さくじ》回遊し、さらに大きく育つ。8月ごろまで北の親潮域で暮らしていたサンマの未成魚はその後南下し、生後1年が経った冬には黒潮域へ戻って産卵する。冬季の産卵は、1～2月ごろにピークを迎える。産卵を終えた後の親魚の回遊ルートはよくわかっていないが、6月後半から7月ごろにはふたたび親潮域に現れる。この親魚たちが2シーズン目の産卵のために南下を始めるのは、8月中旬ごろだ。

例年のサンマ漁の主要シーズンは、夏の千島列島沖～北海道沖に始まる。サンマの群れが南下するのを追って、漁船は三陸沖から千葉県の房総沖へと移動し、12月ごろまで漁を続ける。サンマの旬とされる秋には、脂がよくのった個体がたくさん漁獲される（**写真3‐14**）。

目立つ「不漁」の年――「さんま祭り」もピンチに

サンマは長年、安くておいしい「庶民の魚」として親しまれてきた。流通段階の鮮度管理が行き届いているおかげで、塩焼きだけでなく、刺身や寿司ダネとしても広く親しまれている（**写真3－15**）。

しかし、近年は不漁の年が目立ち、価格も高くなってきた。日本のサンマの水揚げ量は20万～30万トン前後で推移してきたが、２０１５年以降は10万トン前後に下落しており、メーカー各社によるサンマ缶詰の値上げにもつながった。不漁のおもな原因として、資源量そのものが減少したことに加え、日本近海の海水温が上昇してサンマの回遊量が減ったことが指摘されている。中国や台湾が公海域でのサンマ漁を活発化させたことも問題視され、漁業関係者のあいだで危機感が高まった。

こうした状況を受けて、水産庁は２０１９年、それまで8～12月に限っていた大型船（総トン数10トン以上）によるサンマ漁の操業期間を撤廃し、年間を通して漁獲できるよう規制を緩和した。同年秋には、有名な「目黒のさんま祭り」で、炭火焼きにするための生サンマを例年のように確保できず、冷凍物でしのぐというニュースも流れた。全国さんま棒受網漁業協同組合の集計によると、２０１９年の全国のサンマの水揚げ量は前年より66％減少し、半世紀ぶりに過去最低

写真3-14
漁港に水揚げされた直後のサンマ

写真3-15
サンマのにぎり寿司

（いずれも山本智之撮影）

を更新した。

日本や中国、台湾など、８ヵ国・地域による北太平洋漁業委員会（ＮＰＦＣ）の科学委員会も、サンマの資源量の減少を指摘している。ＮＰＦＣは、サンマの持続可能な利用に向けて漁獲量に上限を設けることを決めた。北太平洋全体で年間55・6万トンという漁獲枠は、過去の漁獲実績と比べてもかなりゆるい上限値だが、２０２０年から導入することで一致した。

水産庁と水産研究・教育機構は報告書「国際漁業資源の現況」（２０１９年）で、北太平洋のサンマについて、資源水準を「低位」、資源動向は「減少」と評価している。ただし、サンマはもともと、10～20年周期で漁獲量の変動が繰り返されてきた魚種でもある。２０１５年以降、日本近海のサンマ漁場で不漁が続いた具体的な環境要因として、東京大学大気海洋研究所の伊藤進一教授は「親潮が弱く、サンマが南下しにくい」「北海道沖に暖水塊が停滞しやすくなり、サンマの南下を妨げた」という2つの要因を挙げる。サンマは水温の低い海域を好んで回遊する性質があり、分布密度が高く、漁場が形成されやすい水温域は10〜15℃とされている。

地球温暖化はサンマにどう影響するのか

サンマの資源量の増減には、エルニーニョ現象のような数年規模の変動のほか、10年から数十年規模の海洋環境の変動も関わっていると指摘されている。では、地球温暖化による気候の変化は、長期的に見て日本近海のサンマ資源にどんな影響を与えるのだろうか。

伊藤さんらはＩＰＣＣが示した温暖化シナリオに基づいて、海水温の上昇と未来のサンマの状況についてコンピュータシミュレーションをおこなった。それによると、このまま温暖化が進んだ場合、私たちがサンマに対して描いてきたイメージを崩すような変化が起こる可能性がある。

サンマの生息海域では、冬に表層の海水が冷やされ、重くなって沈む。それにともなって、深い場所の海水は逆に、表層へと押し上げられる。深い場所の海水はリンや窒素などの栄養塩に富んでおり、表層へ送られることで植物プランクトンを育てる役割を担っている。

ところが、温暖化が進んで海水が十分に冷やされなくなると、浅い場所と深い場所との循環

（鉛直混合）が弱まり、表層へ供給される栄養塩が少なくなる。栄養塩の供給が減ることで、その海域における植物プランクトンの発生量が減り、植物プランクトンを食べる動物プランクトンの減少を招く。これは、サンマのエサとなる動物プランクトンの減少につながる。

伊藤さんらは、温室効果ガスの排出量が増加し続けるA2シナリオをもとに計算をおこなった。サンマがエサとして利用する動物プランクトンのなかでも、特に重要なネオカラヌス属のカイアシ類3種（①*Neocalanus cristatus*、②*Neocalanus flemingeri*、③*Neocalanus plumchrus*）とツノナシオキアミ（*Euphausia pacifica*）について、温暖化による海水温上昇の影響を調べた。その結果、これらの動物プランクトンは2050年の時点で、季節によっては北海道沖で2000年のレベルに比べて半分ほど、常磐《じょうばん》沖では同じく4分の1ほどに減ることが示された。

小型化して「冬の味覚」に!?

シミュレーションによると、エサとなる動物プランクトンの減少にともない、2050年にはサンマの体長は今よりも1㎝（体重では10g）、2099年には2・5㎝（同40g）小型化するという。

日本近海では、産卵のために南下するサンマの親魚を、主として北海道沖から本州沖にかけて漁獲している。しかし、温暖化が進む将来は、エサ不足によってサンマの成長スピードが鈍化するため、南の海域へ回遊する時期が遅くなる。その結果、サンマの漁期も現在に比べて遅くなり、秋の魚であるはずの「サンマの旬」が、冬へとシフトしていくと予測されている。

サンマの産卵回遊において、その個体がどこまで南下できるかは、体のサイズに依存している。伊藤さんは「サンマの成長が遅くなると、南下回遊の時期が遅れるだけでなく、メインの産卵場である黒潮域まで南下せずに、混合水域で産卵する個体も増えるだろう」と予測する。

サンマの未来——温暖化によるメリットも

小型化すると聞くと、温暖化はサンマにとってマイナスの影響しか与えないように思えるかもしれない。だが、このシミュレーションでは、海水温の上昇にともなうプラス効果の可能性も示された。温暖化が進むと、産卵期にエサの多い海域にとどまることになり、その影響で、サンマの産卵数が2割ほど増えるかもしれないという。

伊藤さんらの研究グループはその後、先のA2シナリオだけでなく、排出量の少ないB1シナリオや排出量が中程度のA1Bシナリオも含む、計33ケースの水温予測結果をサンマの成長モデルに与えてシミュレーションを実施し、温暖化がサンマの成長や産卵行動などに与える影響を詳しく検討した。

その結果、33ケースのうち、7割にあたる24ケースでサンマが小型化するという結果になった。一方、産卵数の増加を示したシミュレーション結果は3割の11ケースだった。今後は、新たな計算モデルを用いて、さらに予測研究を進める方針だという。

温暖化が進む将来、サンマは今よりも成長が悪くなって小型化し、秋だったはずの旬も冬に向けてシフトするが、個体数そのものは増えるかもしれない――。伊藤さんらによる一連の研究から、サンマのそんな未来像が見えてくる。

3-5　〈秋〉日本のサケが消える？――「回遊ルート」遮断の危機

サケ（シロザケ：*Oncorhynchus keta*、**写真3-16**）は、低い水温を好む「冷水系」の魚だ。全国の水揚げ量の8割を北海道が占め、東北地方の岩手と青森、宮城の3県を加えると9割を超える。

塩鮭の切り身は、定番の朝食メニューの一つだ。その卵（イクラ）は、寿司ダネやイクラ丼に使われる。日本の食卓を支えてきた重要な魚であり、北海道の「石狩鍋」や新潟県の「鮭の酒びたし」、宮城県の「はらこ飯」など、サケを主役とする郷土料理も多い（**写真3-17A、B**）。

大海原を旅して成長したサケは、おもに生後3〜5年で日本に帰ってくる。沿岸域にたどり着

写真3-16
サケ（北海道大・帰山雅秀さん提供）

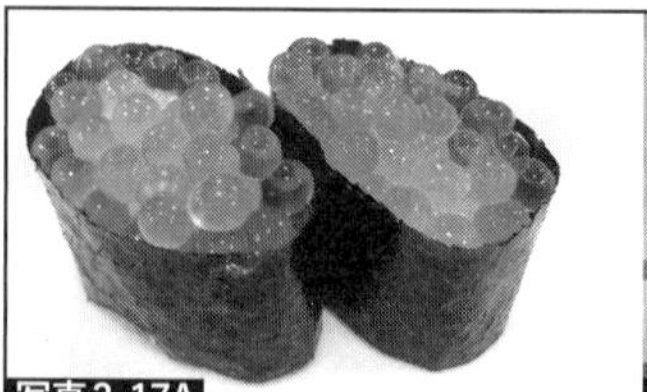

写真3-17A
イクラの軍艦巻き（仙台市）

写真3-17B
鮭の酒びたし（新潟県）

（いずれも山本智之撮影）

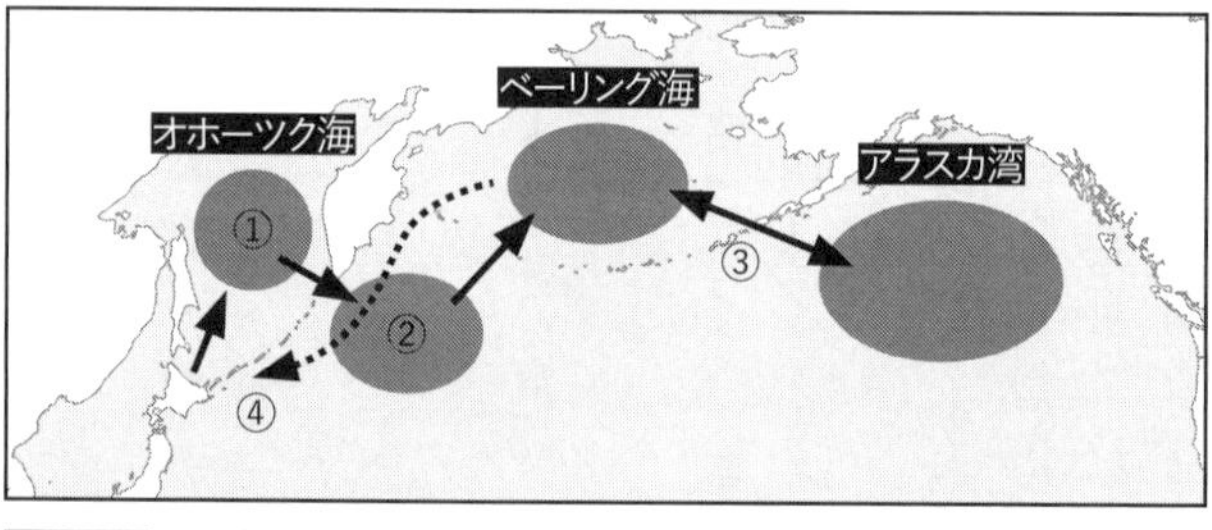

図3-18　日本生まれのサケ（シロザケ）の回遊ルート　①川を下って海に出たサケの子どもたちは、オホーツク海に移動して夏を過ごす②「西部亜寒帯環流域」に移動して越冬③季節に応じてベーリング海とアラスカ湾を行き来しながら成長④生まれてから主に3～5年後、繁殖のため故郷の川へ帰る

いた親魚は、嗅覚を頼りに自分が生まれた川を探し当てると考えられている。秋に川を遡上すると、メスは尾ビレで川底の砂利を叩《たた》いて穴を掘り、「産卵床《さんらんしょう》」をつくる。やがて、メスとオスが産卵・放精し、子孫を残す大仕事を終えると、親魚たちはその命を終える。

サケの稚魚たちは、春になると川を下る。北海道大学北極域研究センターの帰山《かえりやま》雅秀・名誉教授（魚類生態学）によると、川を下ってから1～3ヵ月間を沿岸海域で過ごし、沖合性のヨコエビやカイアシの仲間、オタマボヤ類、イカナゴ類の仔魚などを食べて大きくなる。体長10㎝前後に成長すると、北上してオホーツク海へと向かう。

サケの子どもたちは、最初の夏をオホーツク海で過ごす。日本の沿岸とオホーツク海でどれだけ成長できるかが、その後の生残率を大きく左右する。オホーツク海で夏を過ごした後は、晩秋に東寄りの海域に移動し、そこで越冬する。

その後は、季節ごとにベーリング海と越冬場所であるアラスカ湾とを行き来しながら成長する（図3－18）。北の海を回遊して大きくなり、繁殖の準備ができた個体は、ベーリング海から日本の近海に向けて移動し、生まれ故郷の川へとふたたび戻って来る。

北海道へのサケの回帰数（沿岸漁獲数と河川捕獲数の合計）は、1890年代には年間約1000万匹を数えた。乱獲などで減少した1910年代には、500万匹へと半減した。1970年ごろまでは年間300万～500万匹と低迷していたが、1970年代後半、一気に1500

万匹まで増加した。

この急増は、サケの孵化・放流技術の近代化が進んだことによるものだ。サケの稚魚の放流数が増えるとともに、北海道に回帰するサケの個体数も増加し、1980年代には3000万～4000万匹に達した。

1990年代から2000年代初めにかけて、北海道へのサケの回帰数は、年によっては6000万匹前後にのぼったが、2000年代後半からは急速に減少した。近年は2000万匹前後にまで落ち込んでおり、その要因の一つとして海水温の上昇による影響が指摘されている。

すべてのサケはオホーツク海を目指す

日本の川を下って海に出たサケの子どもたちは、そのすべてがオホーツク海に移動すると考えられている。オホーツク海をどこまで北上するかは、水温などの環境条件によって大きく変わってくる。日本やロシアの研究者による調査では、サケの幼魚の分布は1990年代には北緯52度までだったが、2011～2014年には北緯57度まで北上したことが判明している。

一方、オホーツク海での分布の南限は、1990年代は北緯46度だったが、2011～2014年には北緯48度へと北上した。つまり、サケの幼魚のオホーツク海での分布海域は、全体として北へシフトしつつあるのだ。

海水温のデータで見ると、ロシア沖のオホーツク海北部では1970年代、6月の海水温が5℃に満たず、低温すぎてサケの生育には適していなかった。ところが、同じ6月でも2010〜2018年には、オホーツク海北部がすっぽりと「適水温」のエリアに包まれるようになった。帰山さんは「海水温が上昇したロシア沖で、サケの生残率が高まっている」と分析する。

7月の水温データによると、かつて北極海には適水温エリアがまったく存在しなかったが、1980年代以降、少しずつその面積が拡大しつつある。

じつは、こうした海水温の上昇にともなうサケたちの「北へのシフト」は、漁獲量の変化としても現れている。ロシアでは、サケの漁獲量が2000年代に入ってから急激に増加したが、サケの世界的な分布において南寄りに位置する日本では、減少傾向が見られるのだ。

日本からサケが消える？

高い水温が苦手な「冷水系の魚」であるサケは、地球温暖化が進んで海水温が上昇し続けると、どんな影響を受けるのだろうか。

帰山さんらの研究チームは、IPCCの気候変動シナリオ（SRESシナリオ）のうち、温室効果ガスの排出量が中程度のA1Bシナリオに沿ってコンピュータシミュレーションを実施した。その結果は、驚くべきものだった。「温暖化が進む今世紀末には、日本からサケの姿がほとんど消える可能性がある」という結論にいたったのだ。

サケが生息するうえで最適とされる海水温は8〜12℃だ。年間を通して見たとき、サケにとって海水温の上昇が特に問題となるのは夏の時期である。8月の海水温分布のシミュレーションによれば、2050年にはオホーツク海の大部分で最適な水温を超えてしまう。2095年には、サケにとっての最適水温の海域は、オホーツク海、ベーリング海ともに、ほとんど失われるおそれがあるとする結果が得られた（**図3-19**）。

温暖化が進んでも、サケが地球上から完全に消えてしまうわけではない。現時点ではサケが暮らすには寒すぎる北極海に、将来は生息可能なエリアが広がり、サケの分布域は全体として北へシフトしていくと考えられる。一方で、日本のサケの回遊ルートが高水温の海域によって遮断されてしまうおそれがあることを、このシミュレーション結果は示している。

注目すべきデータ

サケの稚魚は暑さに弱く、沿岸に滞在できる水温はおよそ12・5℃までだ。しかし、2000年代以降、北海道でも東北でも、海面水温が12・5℃に達する時期が早まっている。水温上昇の影響について、帰山さんは「国内各地の沿岸域で、サケの生息に適した低水温の期間が短くなっている。その結果、サケの子どもが沿岸海域で過ごせる日数が減り、十分に成長できないまま沖

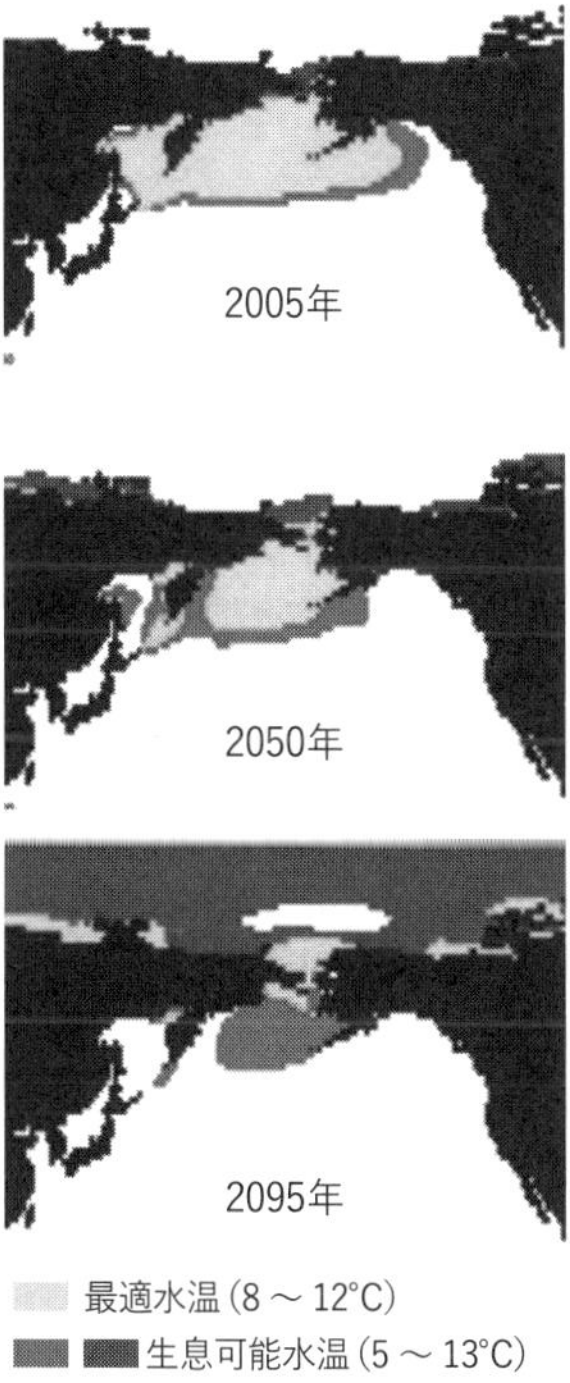

図3-19　8月の海水温の将来予測　サケにとっての「最適水温」と「生息可能水温」の海域は、いずれも高緯度へとシフトしていくという結果が示された

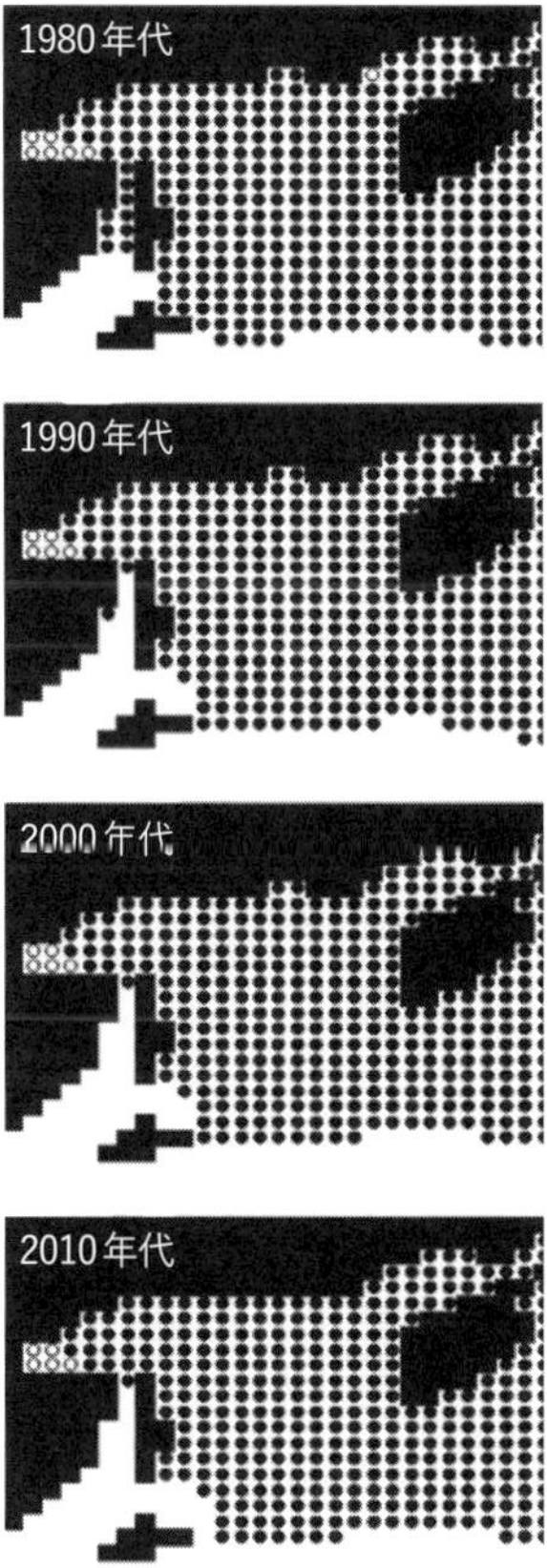

図3-20　7月のオホーツク海周辺におけるサケの「最適水温」「適水温」エリアの年代ごとの変化　2010年代の図では、サケにとっての「最適水温」のエリア(●印、8～12°C)が、北海道(各図の左下)から離れる傾向が見られる(図中の○印は5～7°Cの「適水温」エリア)

(いずれも帰山雅秀さん提供)

合に移動せざるをえない状況が、北海道の一部や三陸地方の沿岸で見られるようになった」と指摘する。

北海道・知床半島周辺の沿岸海域で帰山さんらがおこなった調査では、7月の海面水温が12・5℃以上になると、その年に川を下ったサケたちの回帰率が低下する傾向が明らかになった。稚魚が十分に成長できず、相当数の個体がオホーツク海にたどり着けずに死んでしまうとみられている。

帰山さんらが作成した、注目すべき図がある（**図3-20**）。オホーツク海の7月の海水温の分布を、年代ごとの平均値で示したものだ。2000年代までは、サケにとっての最適水温エリア（8～12℃）が北海道に接岸していることがわかる。ところが、2010～2017年の平均値では、最適水温のエリアが沖合へと後退し、北海道の沿岸から遠く離れる傾向が見られるようになった。

これは、サケたちの回遊経路の「はしご」が、外されつつあることを意味している。近年は、せっかく川を下って沿岸海域で育ったサケの子どもたちが、高い海水温に阻まれて、成長の場であるオホーツク海へと移動しにくくなっているのだ。「日本のサケにとって、7月にオホーツク海に入れなくなるのは、死活問題です」と帰山さんは心配する。

じつは、長期的なシミュレーション研究では、「海水温の上昇による日本のサケの回遊経路の遮断」がいずれ起こりうることは、以前から指摘されていた。そうした将来の懸念を先取りするような状況が、少しずつではあるものの、すでに顕在化しはじめているように見える。

環境変化に強いタイプ／弱いタイプ

急速に変わりつつある海の環境に、サケたちは今後、十分に適応できなくなる可能性がある。ただし、人の手を経ずに育つサケの「野生魚」のなかには、厳しい環境に適応して生き抜くことができる性質をもった個体が含まれているかもしれない。

現在、世界のサケ（シロザケ）の個体数のうち、ほぼ半分が孵化場で生まれ、残り半分が野生魚だ。帰山さんは「温室のような孵化場の安定した環境のもとで、豊富なエサを与えられて育った孵化場魚は、野生魚に比べて環境変動に弱い」と指摘する。そして、サケの野生魚を大切に残す取り組みは、環境変化に強いタイプのサケを守ることにもつながるという。

実行可能で具体的な取り組みとして挙げられるのが、河川の「ゾーニング」だ。サケが遡上する地域の河川を、「野生魚を守るために人の手を加えない川」「孵化場を設置する川」などに分ける。孵化場を設置する河川の場合も、帰ってきたサケを河口でまとめて捕獲するのではなく、孵化場を設けた川の支流などに限定して捕獲するようにすれば、野生魚の遡上が可能になる。

河川敷を造成してサケのために人工の産卵場をつくったり、サケの遡上を妨げている堰堤《えんてい》に魚道を設けたりするなど、野生のサケが産卵できる川を取り戻す取り組みも大切だ。

温室効果ガスの排出を削減する「緩和策」にはさまざまな高いハードルがあるが、それとは別に、サケの野生魚を守る地道な取り組みが、温暖化への「適応策」につながる可能性がある。

3-6 〈冬〉「海のミルク」=カキを襲う難題——DNA鑑定でわかった異変

「海のミルク」ともよばれるカキは、私たちの食卓に最も身近な二枚貝の一つだ。そのカキの世界にも近年、異変が見られ、海水温の上昇による影響が指摘されている。本来は、より低緯度の暖かい海に分布すると考えられていた「南方系カキ」が、日本各地の沿岸で相次いで見つかっているのだ。

台湾などの海域に分布するとされていた南方系カキのオストレア・ステンティナ（*Ostrea stentina*）は2015年、鹿児島県と和歌山県で確認された。水産研究・教育機構瀬戸内海区水産研究所の浜口昌巳グループ長らが2017年に論文報告し、「アツヒメガキ」という和名がつけられた（**写真3-21**）。

浜口さんらは2017年、高知県の浦《うら》ノ内《うち》湾でも別の種類の南方系カキを見つけた。オハグロ

写真3-21
南方系カキの一種「アツヒメガキ」

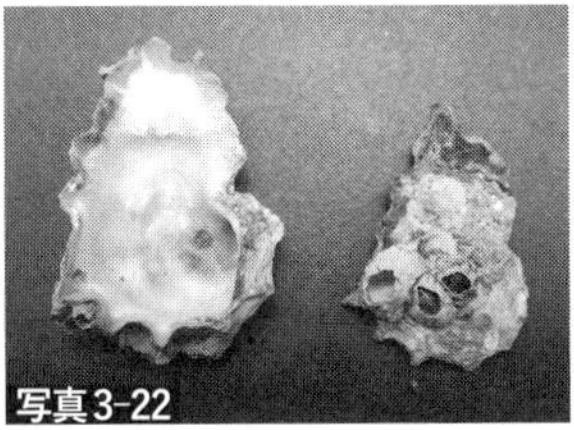

写真3-22
高知県で見つかったオハグロガキの仲間

（いずれも浜口昌巳さん提供）

ガキの仲間で、本来は南シナ海や台湾に分布する南方系カキだった（**写真3－22**）。浜口さんはカキの研究を30年近く続けてきたが、「南の海にすむカキがこんな場所に、と驚いた」と振り返る。

DNA鑑定を駆使して

高知県では、国内のほかの研究者によっても、フィリピンなどに生息するスミゾメガキ（*Crassostrea diambaiensis*）が2015年に、沖縄や奄美地方に生息するポルトガルガキ（*Crassostrea angulata*）が2016年に、それぞれ報告されている。ポルトガルガキについてはその後、新たに和歌山県・串本でも本州初と見られる個体が発見され、浜口さんらが2018年に論文発表した。

一連の調査では、採取したカキの「DNA鑑定」がおこなわれている。わざわざDNA鑑定を用いたのは、カキの仲間は付着する場所の状況や波の強さ、生息する水深など、環境条件によって殻の形が大きく変わり、種の特定が比較的難しいためだ。わずか数年のあいだに、複数種の南方系カキについて発見と論文報告が相次いだのは、DNA解析を用いた調査手法が普及した影響も大きい。しかし、研究者たちは「水温の上昇によってカキの分布が変化しつつある」と口をそろえる。

南方系カキの幼生が黒潮に乗って本州などに流れ着いても、水温が十分に低ければ、死滅回遊魚が越冬できないのと同様に、生き残ることはできない。特に冬場の海水温の底上げによって、南方系カキが定着して成長しやすくなっていると考えられる。そして、温暖化の進行にともなって、南方系カキの分布は今後、さらに北へと広がる可能性がある。

養殖カキの本命は「マガキ」

私たちの食卓に並ぶカキの大部分は養殖ものだ。このうち広島県は、全体の6割近いシェアを占める。

国内産の養殖カキの主力は、冬が旬の「マガキ」（*Crassostrea gigas*）だ。マガキは塩分が比較的低い内湾を好み、水中に放卵・放精して子孫を残す。幼生は海中を漂い、すみかとなる岩などにたどり着くと、その場所に着底して暮らしはじめる。

養殖ではまず、小さな穴をあけて針金を通したホタテガイの貝殻を海の中に入れ、そこにマガキの幼生を付着させる（**写真3－23**）。養殖に使うマガキの稚貝を得るための「採苗《さいびょう》」という作

写真3-23

マガキの「採苗」に使われるホタテガイの貝殻（山本智之撮影）

写真3-24

海に浮かべられたマガキの養殖いかだ（広島湾、山本智之撮影）

写真3-25A

水揚げされるマガキ。金属製のワイヤーごとクレーンでつり上げる（山本智之撮影）

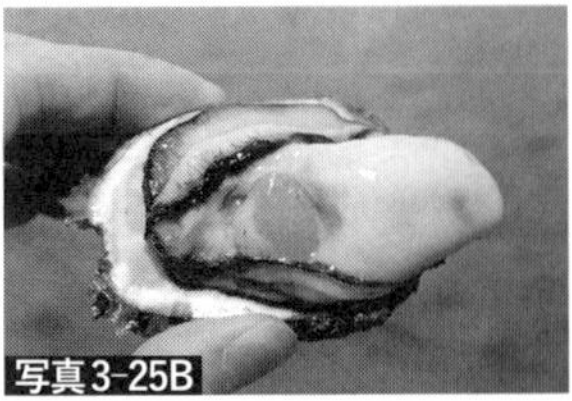

写真3-25B

水揚げ直後のマガキ。ミルク色の身がたっぷり入っている（広島湾、山本智之撮影）

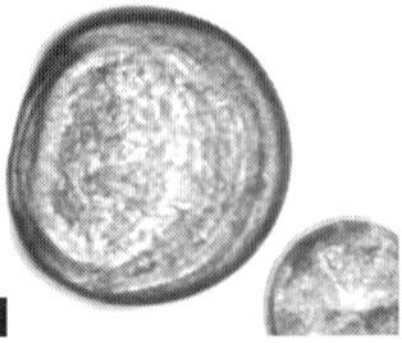

写真3-26

マガキのベリジャー幼生。大きさは0.1mmほど（浜口昌巳さん提供）

業だ。付着してまもないマガキは、黒い点のように見える。

日本のマガキの一大産地である広島湾の場合、7〜9月に採苗をおこなう。その後、干潮時には空気中に露出する「抑制棚」という棚に移す。この工程で弱い稚貝は死に、環境の変化に強く、養殖に適した個体が生き残る。

こうして育てたマガキの稚貝を、ホタテガイの貝殻に付着した状態のまま、金属製の長いワイヤーにつなぎ直す。そして、沖に浮かべた養殖用のいかだから海中につるして本格的に育成する（**写真3－24**）。「垂下式《すいか》」とよばれる養殖法だ。

マガキは海水を濾過《ろか》してエサをとり、大きくなる。おもなエサは植物プランクトンだ。広島湾は波が穏やかで、養殖いかだの設置に適していることに加え、河川からの栄養で植物プランクトンが豊富なため、マガキの養殖がさかんにおこなわれてきた（**写真3－25A、B**）。

養殖カキの「採苗不良」

マガキの稚貝を得るための「採苗」は、養殖を進めるうえで欠かせない作業だ。ところが、広島湾では1990年ごろを境に、その年の養殖に必要な量の稚貝が十分に集まらない「採苗不良」という現象が、頻発するようになった。採苗がうまくいかないと、マガキの生産量減少に直結する。その原因として研究者たちが指摘しているのが、ここでもまた海の環境変化だ。

マガキの幼生は、海中の植物プランクトンを食べて成長する。雨が降ると、窒素やリンなどの栄養塩が陸上から川を通じて海に流れ込み、海中の植物プランクトンを育てる。しかし、瀬戸内海では近年、下水処理の普及などにともなって、海に入る窒素の量が減少している。

海中の窒素が少ない近年の「貧栄養」の状況下で、空梅雨など降雨が少ない気象条件が重なって川から海への窒素の供給が減ると、海中の植物プランクトン量はさらに少なくなりやすい。その結果、幼生がうまく育たなかったり、せっかく着底しても生残率が下がったりして、採苗不良を招いている可能性があるという。

マガキの幼生のサイズは、「ベリジャー幼生」（**写真3－26**）の段階では0・1㎜ほどしかない。それが、約2週間後には3倍の大きさに育ち、0・3㎜ほどの「成熟幼生」になる。幼生たちはこの短い期間に、エサの植物プランクトンをしっかり食べないと生き残れない。雨が少なく、海中に植物プランクトンが十分にない時期と幼生が生育するタイミングが重なると、採苗不良の原因になると推定されている。

ターニングポイントは1990年代

カキの採苗不良の多発をめぐっては、海水温の上昇による影響も指摘されている。

瀬戸内海の夏季の平均水温は1990年代以降、高温傾向へとシフトしたことが調査でわかっている。浜口さんは、「ちょうどこの時期から、カキの採苗不良が目立つようになった」と指摘する。

マガキの幼生は、海水温が高くなると代謝活性も高くなり、エネルギーをたくさん消費してしまう。このため、より多くのエサがないとうまく育ちにくくなっているというのだ。

マガキの生育を阻む要因は、栄養塩の増減や降雨条件などが複雑にからみあっており、一筋縄ではいかない。その詳しいメカニズムの解明は今後の研究課題だが、浜口さんは「冬場の水温上昇は、国内各地で南方系カキの出現を招いた。その一方で、瀬戸内海では、夏場の水温上昇が在来のマガキの生育に影を落としはじめている」と指摘する。

3-7 〈冬〉「危ないフグ」が急増する理由

フグの猛毒「テトロドトキシン」――貝やヒトデももっている

フグは、食べ方を誤れば「当たって死ぬ」ことから、「鉄砲」にたとえられる。大阪ではフグの刺身を「てっさ」とよぶが、これは「鉄砲の刺身」という意味の言葉である。

フグ毒の正体は「テトロドトキシン」(tetrodotoxin＝TTX)という神経毒で、じつは動物門の壁を越えた幅広い生物種がもっている。

　魚類のツムギハゼ（*Yongeichthys criniger*）のほか、頭足類のヒョウモンダコ（*Hapalochlaena fasciata*）、巻貝のボウシュウボラ（*Charonia sauliae*）やオオナルトボラ（*Tutufa bufo*）、ヒトデの一種であるトゲモミジガイ（*Astropecten polyacanthus*）、甲殻類のスベスベマンジュウガニ（*Atergatis floridus*）などがその具体例だ（**写真3－27A～E**）。

　一方、自然環境から隔離し、エサを管理して育てたトラフグは、毒をもたないことが日本の研究チームによる実験で示されている。こうした研究により、フグは自分で毒をつくり出すわけではなく、海洋細菌がテトロドトキシンをつくり、エサ生物を経由した食物連鎖によってフグの体内に蓄積されるとの説が有力になっている。

　人がテトロドトキシンを摂取すると、しびれや四肢の麻痺などの症状が現れ、重症の場合は呼吸困難で死亡することもある。厄介なことに、熱に強い性質があり、通常の調理による加熱では毒が残ってしまう。

「河豚《ふぐ》は食いたし命は惜しし」という言葉があるが、現代でもフグを食べて中毒になる人はあとを絶たない。厚生労働省によると、２００８～２０１７年の10年間だけで、フグによる食中毒は２３０件発生し、患者数は３３２人、死者数は６人となっている。

正体不明の「謎のフグ」

さまざまな種類の食用フグのなかでも、最も味が良いとされるのがトラフグ（*Takifugu rubripes*、**写真3－28**）だ。大型種で、全長80㎝近くにもなる。旬は冬。「フグの王様」とよばれ、天然ものは特に高値で取引される。

山口県下関市は、全国的なトラフグの集積地として知られる。同市の南風泊《はえどまり》市場は、競り人と仲買人が筒状の袋の中に手を入れて、指を握り合って価格を決める独特の「袋競り《ふくろぜ》」がおこなわれることで有名だ。同市には、水産研究・教育機構の水産大学校がある。同校に勤務する高橋洋・准教授（集団遺伝学）はもともと、淡水に生息するトミヨ属の魚を対象に、進化の過程で起こる「交雑」について研究していた。

転機は2007年。下関市にある水産大学校の本部キャンパスへと異動になったことで、同市の「水産重要種」であるフグを、新たな研究対象に選ぶことにした。学生時代から魚の交雑について研究してきた高橋さんにとって、「フグの交雑」について調べるようになったのは、ごく自然な流れだった。

高橋さんのもとに、茨城県の水産試験場から問い合わせが入ったのは2012年秋のことだ。食用に広く流通しているショウサイフグ（*Takifugu snyderi*）に姿がよく似ているが、体の特徴

写真3-27A
ヒョウモンダコ

写真3-27B
ボウシュウボラ

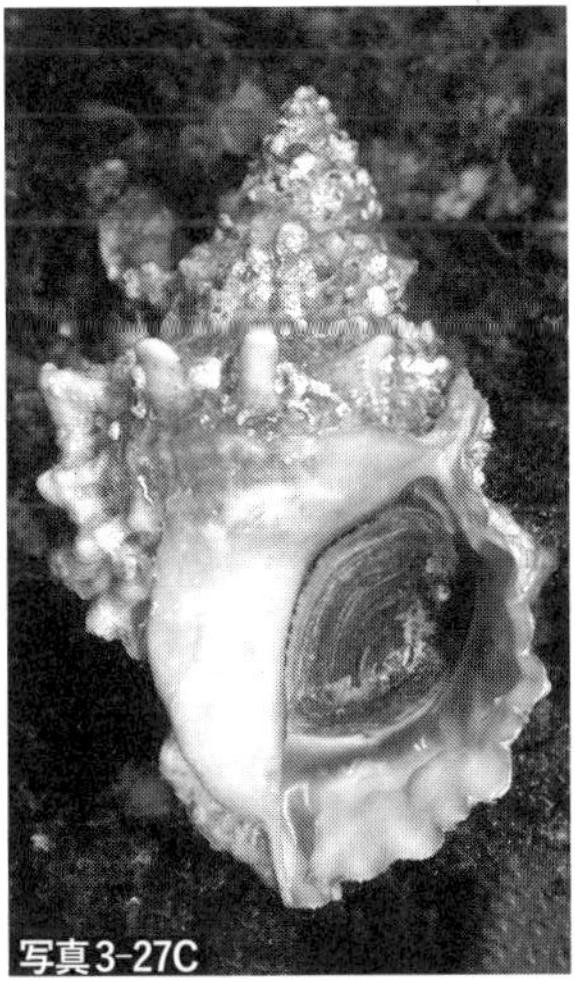

写真3-27C
オオナルトボラ

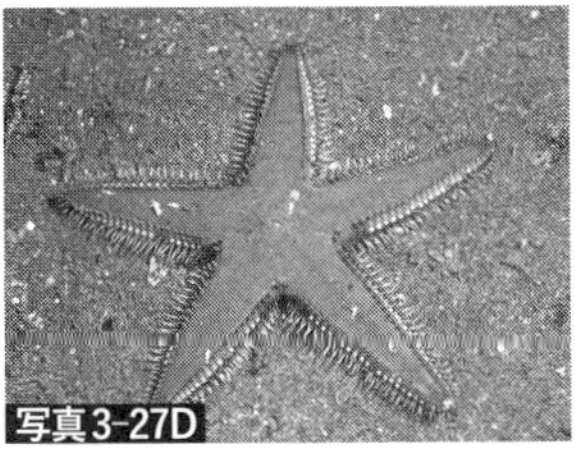

写真3-27D
トゲモミジガイ

写真3-27E
岩場にひそむスベスベマンジュウガニ

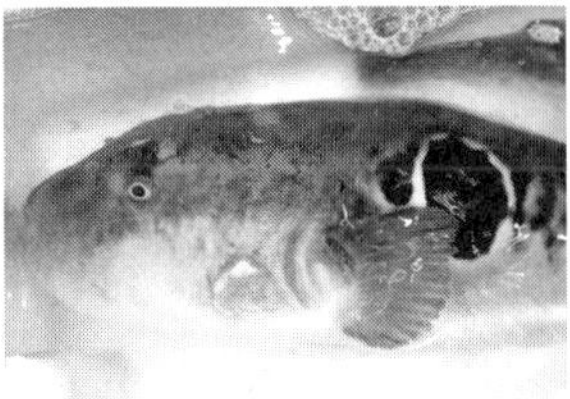

写真3-28
トラフグ

（いずれも山本智之撮影）

が異なるフグが漁獲されたという。ショウサイフグであれば白いはずの臀《しり》びれが、うっすらと黄色い。外見上の特徴が、既知のどの種類のフグとも異なる「種類不明フグ」だった。

しかも、一匹や二匹の話ではなかった。茨城県沖で網に入ったショウサイフグを調べてみたところ、じつにその半数近くが「種類不明フグ」だったこともあるというのだ。

異常な発生率——フグの雑種は1％もいないはずだが……？

「種類不明フグ」は、ショウサイフグと別のフグが交雑してできた「雑種」と考えるのがふつうだ。しかし、網に入るたくさんのフグのうち、もし半分近くを雑種が占めることがあるとすれば、それは従来のフグ研究の「常識」を覆《くつがえ》すことになる。なぜなら、自然界では稀に雑種のフグが見つかるものの、その発生率は「1％未満」とされてきたからだ。

たとえば、有明海でおこなわれた先行研究では、シマフグ（*Takifugu xanthopterus*）とナシフグ（*Takifugu vermicularis*）の雑種が発生する確率は、わずか0・4％にすぎなかった。瀬戸内海のナシフグとコモンフグ（*Takifugu flavipterus*）について調べた研究でも、雑種の発生率は0・05％にとどまる。雑種のフグが漁獲されても、従来は「珍しい標本」として研究対象になるケースが多かったくらいなのだ。

そうした事情から、「網に入ったフグの半分近くが雑種らしい」という話を、高橋さんは、にわかには信じられなかった。雑種のように見えるだけで、単なる色彩変異（色のバリエーション）ではないか——。そんな考えも頭をよぎったが、「一応、標本を送ってください」と現地の担当者に伝え、この「種類不明フグ」の正体を調べはじめた。

ショウサイフグは臀びれが白いことに加え、体表にトゲがなく、ツルツルとしてなめらかなのが特徴だ。これに対し、「種類不明フグ」は臀びれが薄黄色で、体表に小さなトゲも見られた。いずれもゴマフグ（*Takifugu stictonotus*）の特徴だ。

翌2013年、こんどは地元の下関市で異変が見つかった。市内の水産加工会社から、「見分けがつかないフグが入荷した」という知らせが届いたのだ。岩手県から仕入れたショウサイフグのなかに「種類不明フグ」が5匹、混ざっていたという。その特徴は、高橋さんが茨城県から取り寄せた「謎のフグ」とそっくりだった。

「もしかすると、東北や茨城の海で、たくさんの雑種フグが発生しているのではないか？」

そう予感した高橋さんは、徹底的に調べてみることにした。

外見では見分けのつかない「雑種フグ」

2012年から2014年にかけて、東日本沿岸域の茨城県と福島県、岩手県沖で漁獲された187匹の「種類不明フグ」と、外見からショウサイフグと同定される66匹について、DNAの

写真3-29 上から「ショウサイフグ」「雑種」「ゴマフグ」

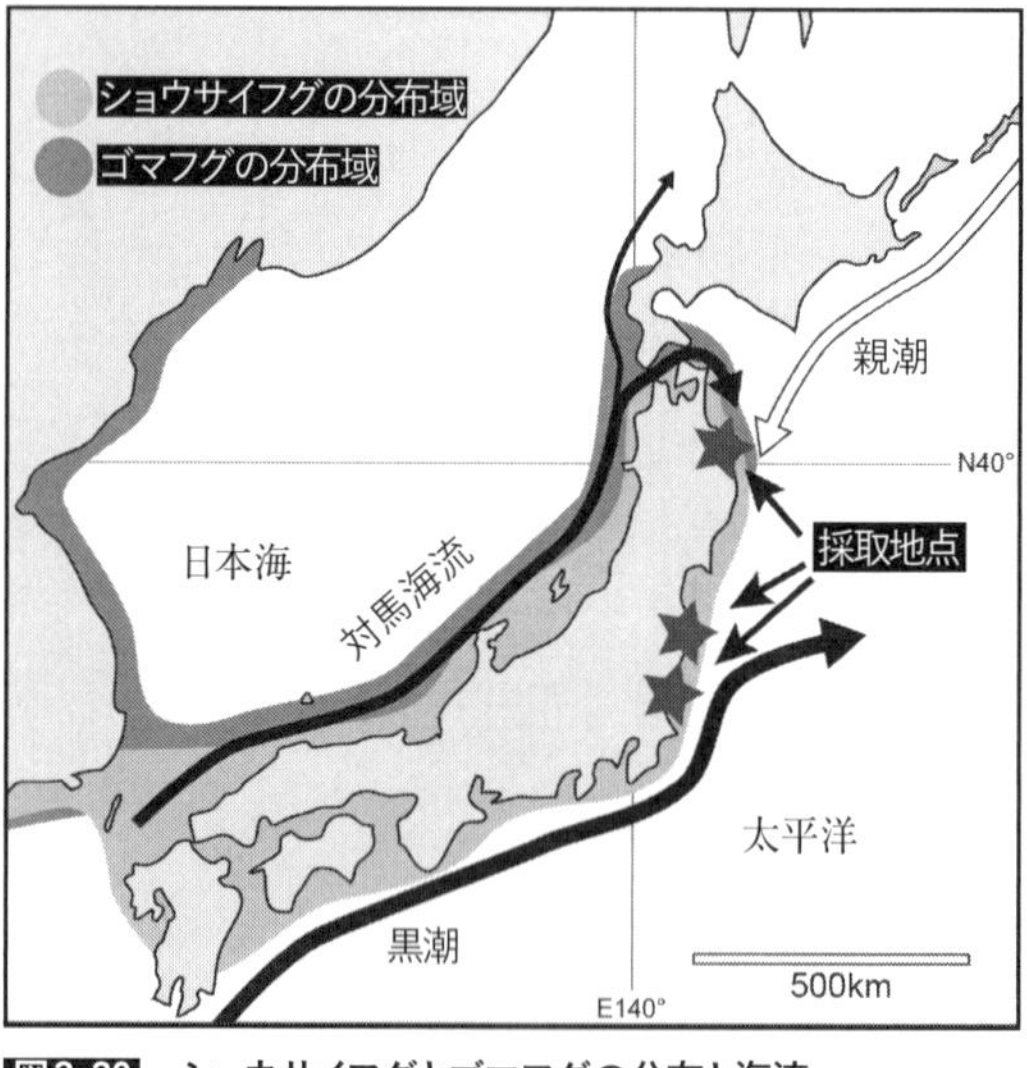

図3-30　ショウサイフグとゴマフグの分布と海流
（いずれも水産大学校の高橋洋さん提供）

塩基配列を解析した。その結果、187匹の「種類不明フグ」のうち、149匹がショウサイフグとゴマフグの雑種であることがわかった（写真3－29）。

DNA解析で得られたデータをもとに計算した結果、茨城県から福島県にかけての沿岸海域のショウサイフグ漁場では、雑種フグの割合が推定で38・5％にのぼることが判明した。従来の常識とされてきた雑種の発生率に比べれば、明らかに異常な高率だ。

ゴマフグは全長が40㎝前後なのに対し、ショウサイフグは全長30㎝前後とやや体が小さい。一方、「雑種フグ」は体のサイズも両者の中間くらいになることが多いという。

調査で明らかになったフグの大規模な交雑について、高橋さんは「本当に驚いた。ほかの研究を後回しにしてでも、この結果を早く論文にしなければと思った」と当時を振り返る。研究結果は2017年、科学誌「Marine Biology」に掲載された。

海水温の上昇がフグの分布域を攪乱

魚類学の常識を覆すようなフグの大規模な交雑は、なぜ起きたのか？

交雑して大量の雑種が生まれた2種のうち、ゴマフグは日本海側に生息する。一方のショウサイフグは、太平洋側をおもな生息域としている。ところが、温暖化にともなって海水温が上昇した影響で、日本海側にいたゴマフグの分布は年々北上し、ついに北海道南部にまで分布域が拡大した。その一部が海流に乗って津軽海峡を経由し、太平洋側にまで入り込んだのだ（**図3－30**）。

ただし、この2種のフグの分布海域の図をよく見てみると、日本海にはもともと、ショウサイフグとゴマフグの両方が分布していたことがわかる。それでも従来は交雑が起きなかったのは、この2種では、産卵に使う海域や産卵時期などがずれていたためとみられている。つまり、両種は「すみ分け」をすることで、互いに交雑せずに種の独自性を保ってきたのである。

温暖化にともなう海水温の変化は、ショウサイフグとゴマフグが互いに保ってきた「すみ分け」を撹乱してしまったのだ。遺伝子の解析から、見つかった雑種の大半は、メスのゴマフグとオスのショウサイフグが交雑して生まれたものだとわかった。太平洋側の茨城県沖～福島県沖には、ショウサイフグの大規模な産卵場所がある。ここに、日本海から津軽海峡を抜けてやって来たゴマフグが入り込んだことで交雑が発生し、大量の雑種が生まれたと高橋さんはみている。

北海道にトラフグが──北上するフグたち

東日本の沿岸海域では、その後も雑種フグの大量発生が確認されている。2018年に気仙沼でおこなわれた約1200匹を対象にした調査でも、雑種の発生率は23％にのぼることがわかった。雑種の発生率がどのくらいの数字になるかは、その年ごとの海流の状況などによっても左右されるが、気仙沼での調査結果は、本来は日本海側に分布するゴマフグが津軽海峡を抜けて太平洋側に入り込むケースが、すでに常態化していることを示すものだ。

今回、東日本沿岸で明らかになったフグの雑種の大量発生は、海水温の上昇で日本海側のゴマフグが北上したことが引き金となった。だが、分布海域の北上はゴマフグに限った現象ではない。食用に広く流通するマフグ（*Takifugu porphyreus*）についても、指摘されている。

比較的冷たい海水を好むマフグは、水温上昇の影響から九州近海で減少する一方、北海道では漁獲量が増加している。漁獲地は北海道のオホーツク海側にまで広がっており、北海道南部では近年、以前はほとんど漁獲されなかったトラフグも獲れるようになったという。海水温の上昇にともない、日本のフグの分布は全体的に北上しつつあるのだ。

高橋さんは「九州の漁獲量が減ったのは乱獲の要因も大きいが、北海道でフグの漁獲量が増えたのは、まとまった量のマフグが漁獲されるようになった効果が大きい」と指摘する。

温帯の海に「適応放散」したトラフグ属

海水温の上昇は、フグの分布海域を変化させ、そのことが、前例のないような雑種の大量発生を引き起こしている——。それにしても、海の環境が変わったからといって、なぜこれほど大量の「雑種フグ」が発生することになったのか。じつは、ショウサイフグやゴマフグを含む「トラフグ属」の魚たちは、遺伝的に互いにかなり近縁な関係にある。このため、海の中での「すみ分け」がうまくいかなくなると、交雑が起きやすいのだ。

トラフグ属の魚たちは、約200万年で20種余りに分化したと推定されている。200万年と聞くと、きわめて長い年月のように感じるが、同じフグ科の魚類でも、シロサバフグ（*Lagocephalus spadiceus*）などを含む「サバフグ属」の場合は、10種に分化するのに約2200万年かかったとされているから、トラフグ属の種分化のスピードは桁違いの速さといえるだろう。

世界のフグの多くは、熱帯・亜熱帯域に分布している。これに対し、トラフグ属は温帯に適応したグループだ。温帯の海に進出したことにより「適応放散」し、互いに近縁な複数の種が生まれたと考えられている。適応放散とは、単一の祖先から、さまざまな環境に適応して短期間に分化が起こることを指す。

体形だけを見れば、トラフグ属の魚たちは互いによく似ている。しかし、適応放散の結果、「体のサイズ」や「生息する水深」「産卵場所」について、それぞれ違いが見られる。小型種のクサフグ（*Takifugu alboplumbeus*、**写真3-31**）は体の重さが300gほどなのに対して、大型種のトラフグは10kg近くになる。

産卵場所も種によって異なり、マフグが水深50〜60mで産卵するのに対し、クサフグは波打ち際で産卵をおこなう。メフグ（*Takifugu obscurus*）にいたっては、なんと川を遡《さかのぼ》って産卵する。

温帯の海に進出したトラフグ属は、産卵場所をめぐっても、さまざまに「すみ分け」をして進化してきた。そうして形づくられてきた自然界のバランスが、海水温の上昇という環境変化の影響によって今、崩れつつあるのだ。

「危険なフグ」が増えるリスク――雑種フグを食べても安全か？

東日本の沿岸域で見つかったショウサイフグとゴマフグの交雑は、予想を超える大規模なものだった。しかし、これら2種のフグはいずれも「食用可能」とされている。

両親がそれぞれ食用種のフグなのだから、交雑によって生まれた雑種のフグも当然、食べられるだろう――。そう考える人が、多いかもしれない。

しかし、話はそう単純ではない。高橋さんは「たとえば、両方の親がともに精巣が弱毒の種類のフグだったとしても、遺伝の仕方によっては、雑種の精巣が強毒になるといったことが起こりうる」と指摘する。雑種のフグは、単に両親の種類を見極めるのが難しいと

写真3-31
海中を泳ぐクサフグ（山本智之撮影）

いうだけでなく、両親とは毒が存在する部位や毒の強さが異なる可能性があるため、食用にはできないという。

水産の現場では、雑種のフグは、食用に不向きな「危険なフグ」として扱われる。海の温暖化が進むことで、危険な雑種フグの事例は今後、さらに増える可能性がある。高橋さんは「フグの漁場がどんどん変化し、雑種が発生している。食の安全を確保するためには、漁獲された雑種フグをきちんと排除できるよう、全国的な取り組みを進める必要がある」と指摘する。

＊

第1章から第3章まで、海水温の上昇が、海にすむ生物たちにどのような影響を及ぼすのかを紹介してきた。

将来に向けての温暖化の進行は、海の生き物やその暮らしぶりを大きく変えることになるだろう。そして、もう一つ、海の生態系を根底から変えてしまいかねない大きな問題がある。次章では、「第二の難題」というべき「海洋酸性化」に焦点を当て、その影響について見ていくことにしよう。

第4章

海洋生態系を脅かす「もう一つの難題」

——「酸性化」が引き起こすこと

4-1 加速する海洋酸性化——低下しつつある海水のpH

太平洋に浮かぶハワイ島のマウナロア観測所——。工場などが近くにないため、大気中の二酸化炭素（CO_2）濃度を観測するうえでの好適地だ。過去約60年間の観測データには、一貫して上昇傾向が見られる（**図4-1**）。私たち人類が、増え続ける二酸化炭素に歯止めをかけることができずにいることを、如実に示すグラフだ。

プロローグでも紹介したように、石炭が大量に使われるようになった18世紀半ばの産業革命以前は、大気中の二酸化炭素濃度は約278ppmにとどまっていた。しかし、工業活動の進展とともに急上昇を続け、近年はついに400ppmの大台を突破した。産業革命以前の1・5倍近くまで増えてしまったのである。世界気象機関（WMO）によれば、2018年の二酸化炭素の世界平均濃度は407・8ppmで、前年より2・3ppm増加した。

大気と海洋のあいだでは、つねに二酸化炭素のやり取りがおこなわれている。海域や季節によって、二酸化炭素の吸収／放出の程度は異なるが、地球全体では、海が二酸化炭素を吸収するはたらきが大きい。大気中の二酸化炭素が増加すると、海に吸収される二酸化炭素も増える——。その結果、じつに厄介な問題が生じてしまう。海の酸性化（海洋酸性化、Ocean acidification）

である。

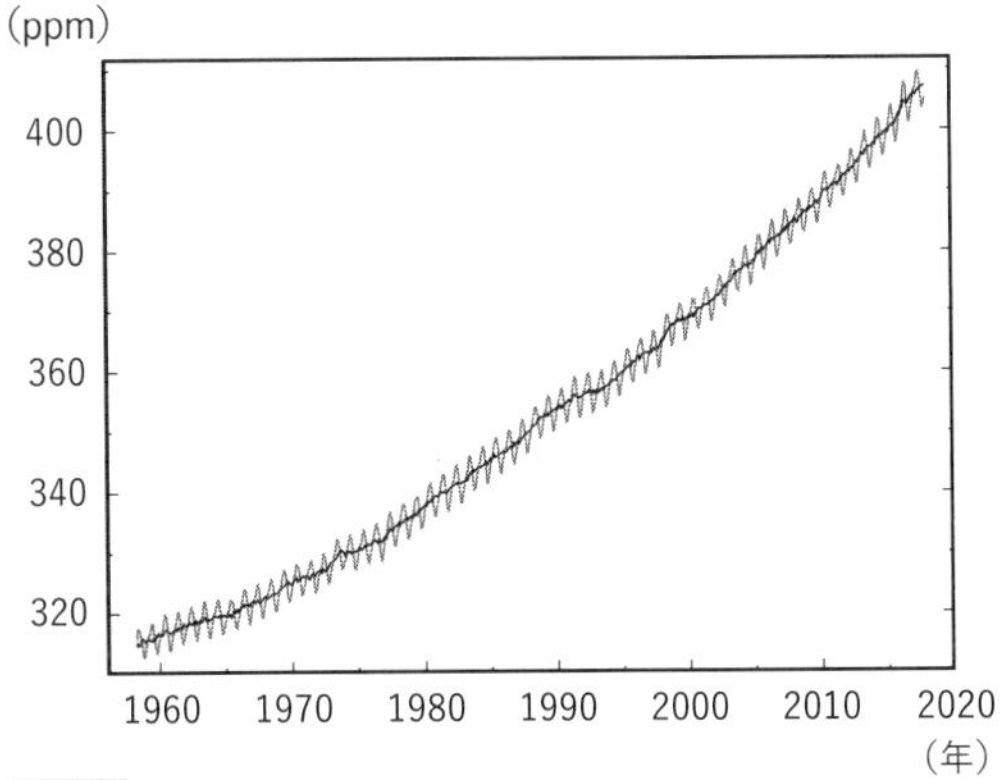

図4-1
ハワイ・マウナロア観測所の大気中CO_2濃度の変化
(米海洋大気局による)

もう一つの二酸化炭素問題

二酸化炭素は、水に溶けると酸としてはたらく。海水が酸性化するしくみを、段階的に見ていこう。

まず、大気中のCO_2が海水に溶け込み、水(H_2O)と反応して炭酸(H_2CO_3)になる。炭酸は海水中で、水素イオン(H^+)と炭酸水素イオン(HCO_3^-)に解離する。つまり、CO_2が海にたくさん溶け込むほど、海水中の水素イオンを増やす反応が進むことになる(**図4-2**)。図中、化学式のあいだに上向き/下向きの矢印がセットで描かれているのは、条件次第で上下どちらにも反応が進む「可逆反応」であることを示している。

海に二酸化炭素がどんどん溶け込むと、①と②

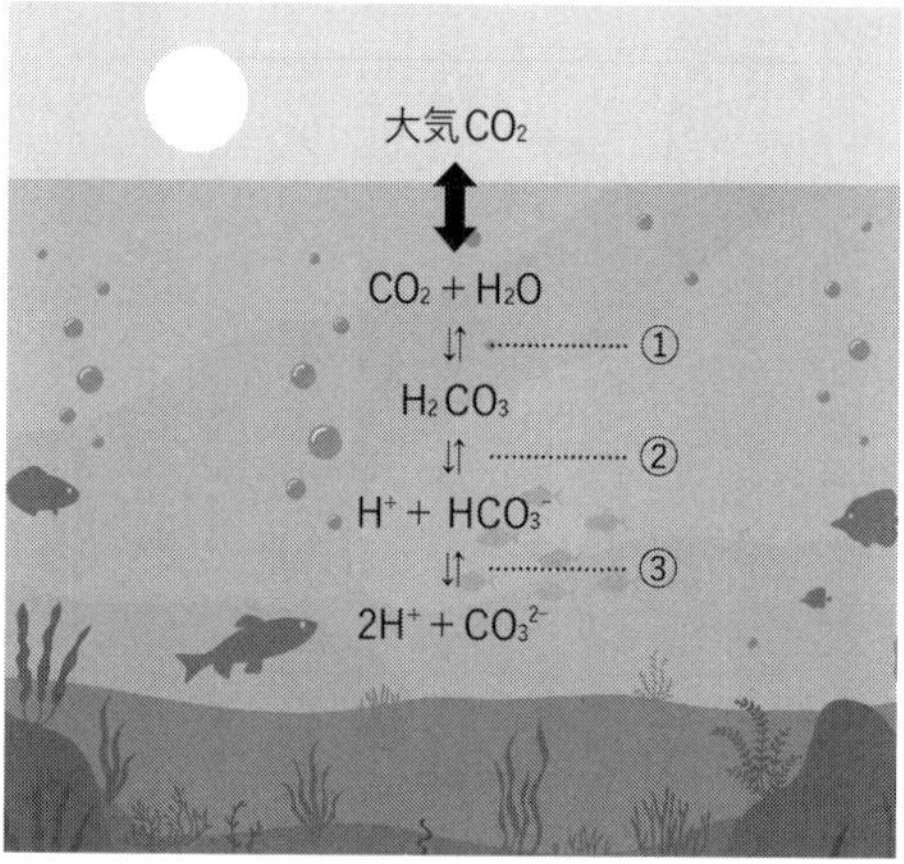

図4-2　CO_2の海洋への溶け込みと、一連の化学反応の流れ（気象庁の資料から）

の反応が下方向に進み、水素イオンが増加する。増加した水素イオンは、③の反応が上方向に進んで一部が消費されるものの、結果として海水中の水素イオンは増え、逆に炭酸イオン（CO_3^{2-}）は減る。水素イオンが増えること＝海水の酸性度が上がることであり、pHの値は低下していく。これが、海洋酸性化の正体だ。

　二酸化炭素が海に大量に溶け込んで酸性化が進むと、「やじろべえ」のように釣り合ってきた海水の化学平衡のバランスが崩れてしまう。海の生き物にとって特に深刻なのは、一連の化学反応によって、海水中に含まれる炭酸イオンが減ってしまう点だ。炭酸イオンは、貝類やウニ、サンゴなどの殻や骨格を構成する炭酸カルシウム（$CaCO_3$）の材料だ。酸性化で海水中の炭酸イオンが減ると、これらの生物は成長しにくくなったり、死滅したりする可能性がある。海の酸性化は将来、海洋生態系に幅広い影響を及ぼすおそれがあるのだ。

世界の海洋における表面海水のpHは現在、平均で約8・1の「弱アルカリ性」だ。pHは7が中性で、それより数値が低ければ「酸性」、高ければ「アルカリ性」となる。海の酸性化が進んでも、海水が「酸性」になるわけではない。だが、アルカリ性が弱まって中性に近づくことで、生物に大きな影響を与えると予測されている。

二酸化炭素は、地球温暖化を引き起こす「温室効果ガス」として、海水温や海面水位の上昇といった物理的な変化を引き起こすだけでなく、海に溶け込むことで、海水の化学的な性質をも変えてしまう。

私たち人類が大気中に二酸化炭素を放出し続けることで、「温暖化」と「海の酸性化」は同時に進行していく。海の酸性化が、「もう一つの二酸化炭素問題」とよばれるゆえんである。

加速するペース

プロローグでは、大気の二酸化炭素濃度が将来さらに高まることを見込んで、酸性化が進んだ「未来の海水」をつくり、生物への影響を探る実験について紹介した。しかし、海の酸性化は「将来の出来事」ではない。すでに日本近海で実際に酸性化が進み、海水のpHが低下しつつあることが、気象庁による海洋観測で確認されている。

気象庁は紀伊半島沖で、東経137度ライン沿いに南北3000㎞余りにわたって船を移動さ

写真4-3A

海の酸性化の実態を明らかにした海洋気象観測船（写真は凌風丸）

写真4-3B

海水を分析するための採水作業。船から海に装置を降ろしておこなう　（いずれも気象庁提供）

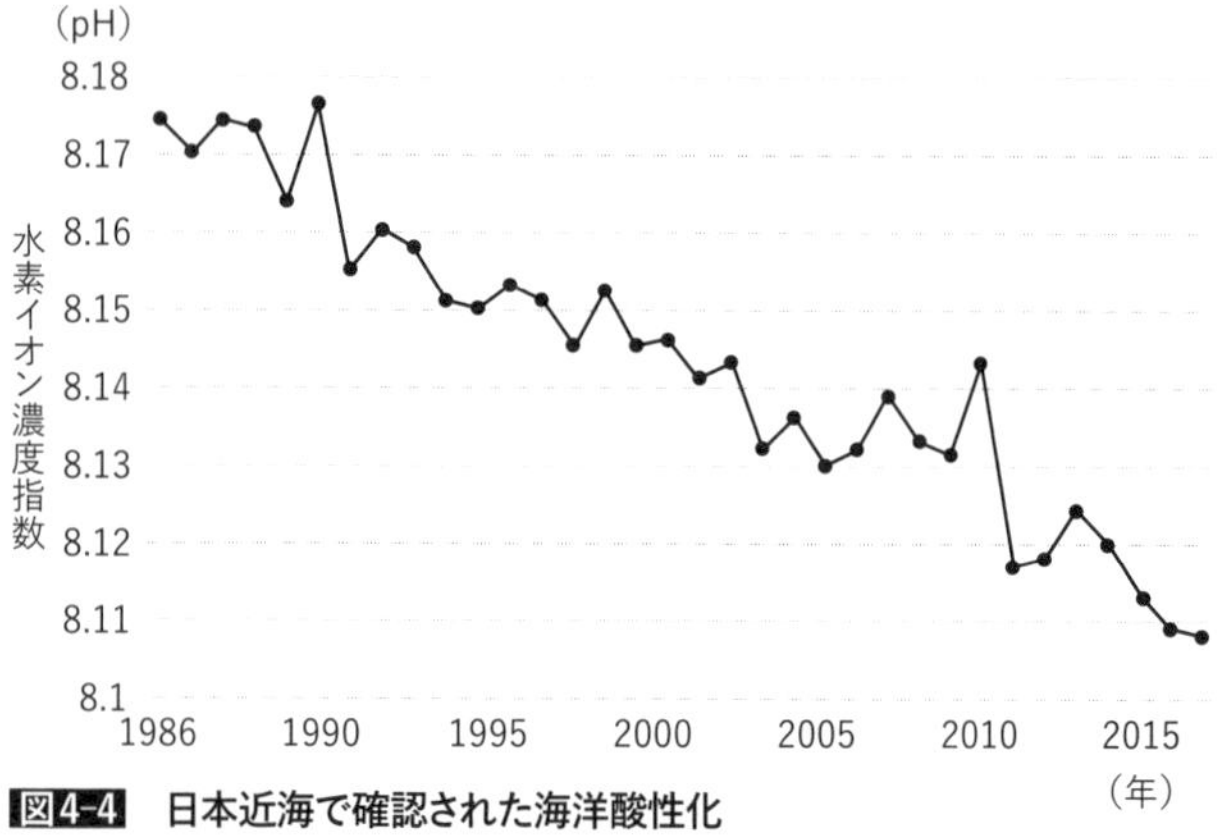

図4-4　日本近海で確認された海洋酸性化
（紀伊半島沖の東経137度・北緯30度・冬季のデータ、気象庁による）

せ、海洋観測をおこなっている（**写真4－3A、B**）。過去、約30年分の観測データを見ると、年によって上下に変動しつつも、海水のpHが確実に低下し続けていることがわかる（**図4－4**）。

気象庁によるデータ解析で、表面海水のpHは1990年から2016年にかけて、約0・05低下したことがわかった。10年あたりに0・018のペースでpHが下がり続けていることを意味する結果だ。

ＩＰＣＣの第５次評価報告書では、産業革命以降の約２５０年間のpH低下ペースを「10年あたり約０・００４」としている。10年あたり０・０１８という数値は、それを大きく上回るペースだ。気象庁海洋環境解析センターの増田真次・調査官は「大気中の二酸化炭素濃度の上昇をそのまま裏返すように、海水のpHは低下している。その低下スピードは、以前より速くなっている」と憂慮する。

「温暖化のブレーキ役」が弱まる悪循環に

ＩＰＣＣの第５次評価報告書では、温室効果ガスが今後どのように増えるかというシナリオごとに、酸性化の進み方を予測したグラフを掲載している。温室効果ガスの排出が高いレベルで続くと見込む「ＲＣＰ８・５」の場合、大気中の二酸化炭素濃度は、２１００年に９３６ｐｐｍという高値になる。表面海水のpHの低下幅は０・３０～０・３２で、今世紀末にはpHが７・８を切る可能性があるとしている（**図４－５、図４－６**）。

世界の表面海水のpHは、産業革命以前に比べ、すでに０・１程度低下したと推定されている。

そして、酸性化が進むペースは、今後さらに加速する可能性が高い。海は、膨大な熱エネルギーを吸収すると同時に、人間活動にともなって大気中に放出された二酸化炭素を吸収し、温暖化の

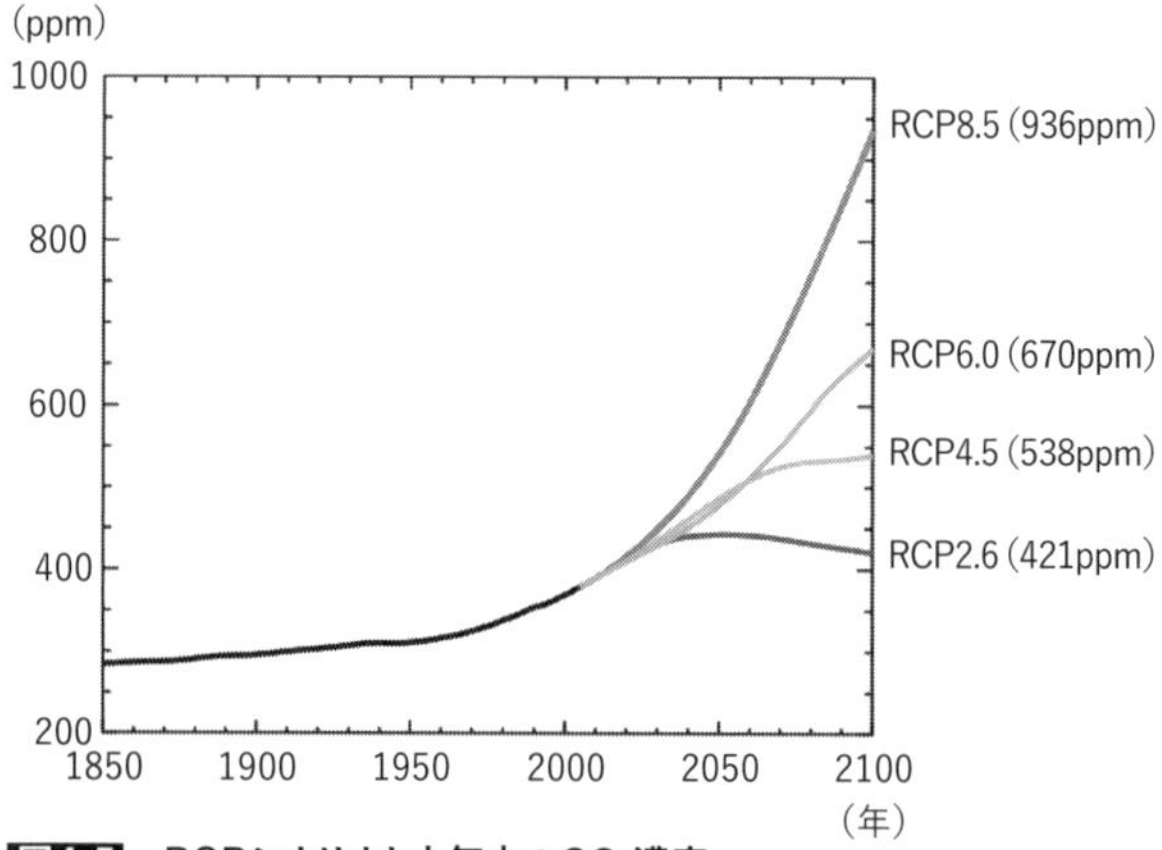

図4-5　RCPシナリオと大気中のCO_2濃度

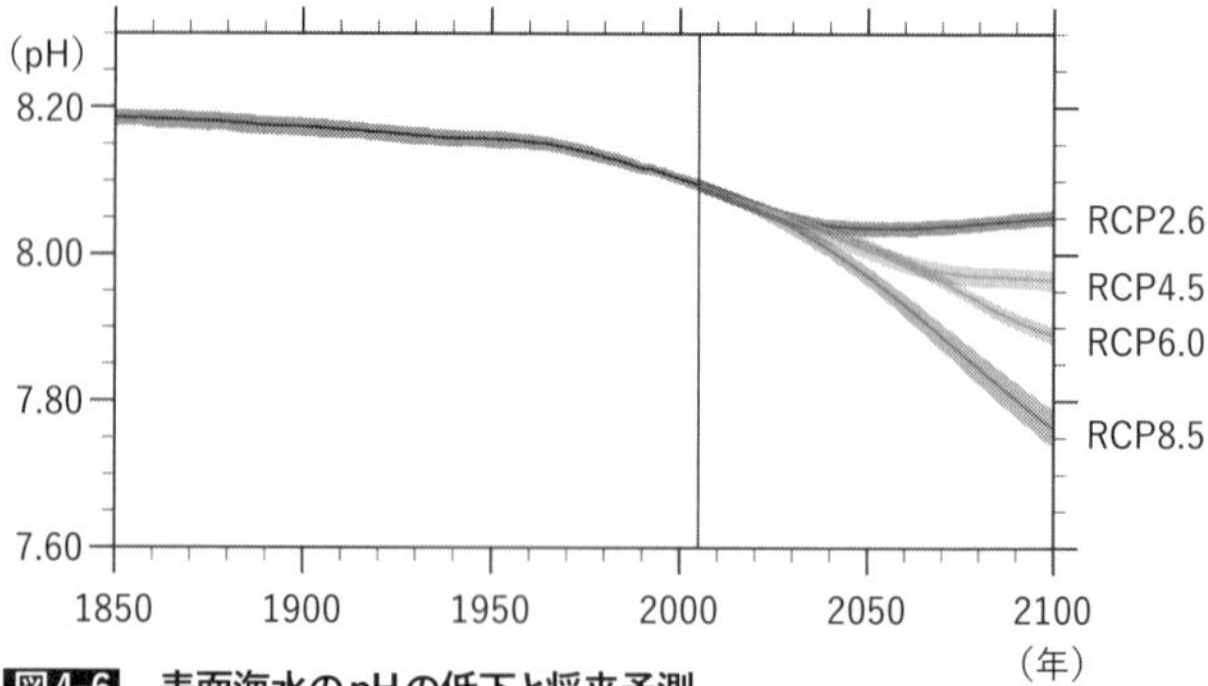

図4-6　表面海水のpHの低下と将来予測

(いずれもIPCC第5次評価報告書から引用)

進行にブレーキをかける役割を果たしてきた。しかし、ひたすら二酸化炭素を溜め込み続けたことで、「酸性化」という病に冒されつつある。

それだけではない。気象庁気象研究所の石井雅男・研究総務官は「海水のpHが低下するにつれて、大気から海洋に二酸化炭素が溶け込みにくくなることが、実験に基づく理論としてすでに示されている」と指摘する。酸性化が進行すると、こんどは海洋が大気中の二酸化炭素を吸収する能力が低下してしまい、その結果、海に溶け込めずに大気中に残る二酸化炭素の量が増えるというのだ。

海洋酸性化が進むことで、「温暖化のブレーキ役」としての海の力がそがれ、温暖化の加速につながる——。そうした悪循環が懸念されている。

4-2 「人為起源二酸化炭素」が引き起こす海の〝生活習慣病〟

国際的な研究プロジェクトである「グローバル・カーボン・プロジェクト」は2019年12月、世界の二酸化炭素排出量やその収支に関する評価報告書を発表した。それによると、化石燃料の燃焼によって全世界で排出される二酸化炭素は、炭素換算値で年間9・5ギガトン（200

9～2018年の平均値、ギガは10億）と推計される。

これに加え、森林破壊など土地利用の変化による二酸化炭素の排出が1・5ギガトンあり、人間活動に起因する二酸化炭素の放出量は合計で11ギガトンにのぼる。化石燃料の燃焼や森林破壊などによって排出される二酸化炭素は、「人為起源二酸化炭素」とよばれる。

人為起源二酸化炭素は排出後、いったいどこへ行くのか？　大気中に滞留する分が4・9ギガトンで、全体の約45％を占める。陸上の森林などが吸収する量は3・2ギガトンで全体の約29％、海洋が吸収する量は2・5ギガトンで全体の約23％になる。つまり、大気中に放出される人為起源の二酸化炭素のうち約4分の1を、海は黙々と吸収し続けていることになる（**図4－7**）。

海洋による二酸化炭素吸収の効果は従来、大気中の二酸化炭素濃度が上昇するスピードを抑え、温暖化にブレーキをかけるという側面でとらえられることが多かった。しかし、そこに「海洋酸性化」という落とし穴があった。

「SDGs」も掲げる「海洋酸性化」問題

気象庁が太平洋の東経137度で30年以上続けている観測で、海水のpH低下が10年あたり0・018のペースで記録されていることはすでに述べた。このうち、北緯30度前後のデータを気象研究所が解析したところ、2008～2017年の10年間に起きたpH値の低下は0・028で、

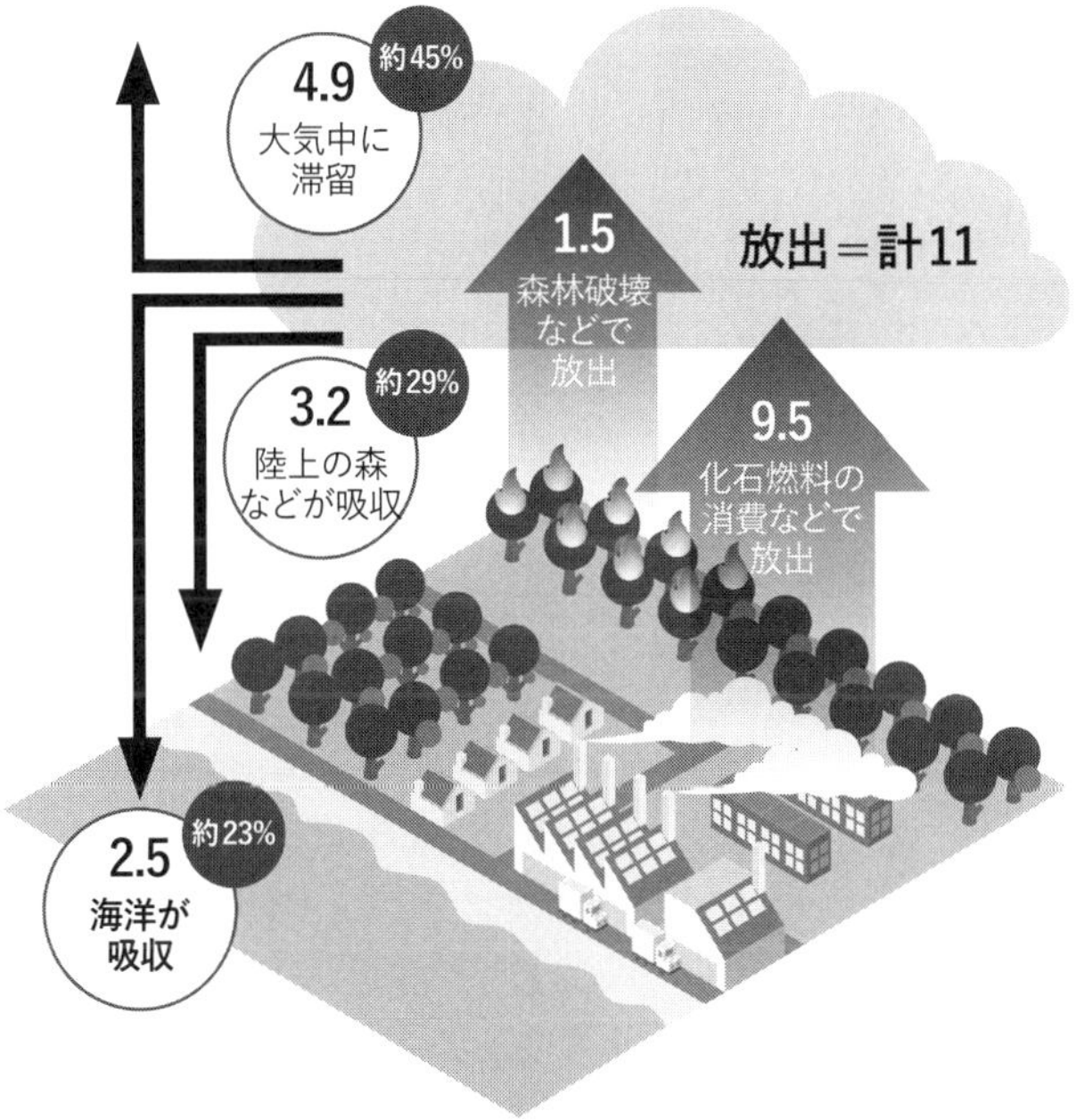

図4-7　「人為起源二酸化炭素」による世界のCO_2の放出と吸収　数字は炭素換算［ギガトン／年］（ギガは10億）。2009～18年の平均値。それぞれの評価値に不確かさがあるため小数点以下の合計は一致しない（グローバル・カーボン・プロジェクトによる）

1983～2017年の全期間と比べて1・5倍のペースに加速していることが明らかになった。

海の酸性化は、目に見えにくい現象だ。しかし、まるで「生活習慣病」のように、静かに、そして着実に症状が進行しつつある。

国連総会で2015年に採択された「持続可能な開発目標」（SDGs）は、人類が今後、解決しなければならない17の目標を掲げている。14

番目の目標は「海の豊かさを守ろう」だ。この目標を達成するための具体策を示した「ターゲット」には、海洋ゴミや乱獲への対策とともに、「あらゆるレベルでの科学的協力の促進などを通じて、海洋酸性化の影響を最小限化し、対処する」という文言が盛り込まれている。

海洋酸性化が進行し、生態系に悪影響が出るようになれば、私たちはこれまでのように豊かな海の恵みを享受できなくなる可能性がある。どんな種類の海洋生物への影響が懸念されているのか？　次節以降で、具体例を見ていくことにしよう。

4-3 「ホッキガイ」の飼育実験――「未来の海水」は成長過程をどう変えるか

酸性化は、海に暮らす生き物たちのなかでも特に、炭酸カルシウムの殻や骨格をもつものに影響を与えやすいと考えられている。海洋生物環境研究所の林正裕・主査研究員らのグループは、海の酸性化が二枚貝の成長にどんな影響を与えるか、飼育実験をして調べた。

実験の対象に選んだのは、ウバガイ（*Pseudocardium sachalinense*）だ。「ホッキガイ」（北寄貝）という流通名でおなじみの食用貝である（**写真4-8A、B**）。

飼育実験に使ったのは殻長が約1・5㎝の稚貝で、プラスチック製の水槽で飼育し、エサとして植物プランクトンの一種（*Pavlova lutheri*）を与えた。

複数の水槽ごとに海水に溶け込ませる二酸化炭素のレベルを変え、大気中の二酸化炭素濃度にして600ppm、800ppm、1000ppm、1200ppmに相当する実験条件を設定した。対照実験として、二酸化炭素を人工的に加えない自然海水でも稚貝を飼育した。どの水槽も水温は17℃にそろえ、20週間にわたって飼育を続けた（**写真4－9A、B**）。

実験終了時には、すべての水槽の稚貝の殻長が約2・5cmになった。しかし、実験期間中に成長した殻の厚さを比較したところ、海水の酸性度によって差が見られた。自然海水で飼育した場合に比べ、800ppm相当では厚さが9％減少し、1000〜1200ppm相当では15％以上も薄くなっていた。

写真4-8A

ウバガイ

写真4-8B

ウバガイのにぎり寿司

（いずれも山本智之撮影）

写真4-9A
ウバガイを飼育した実験装置

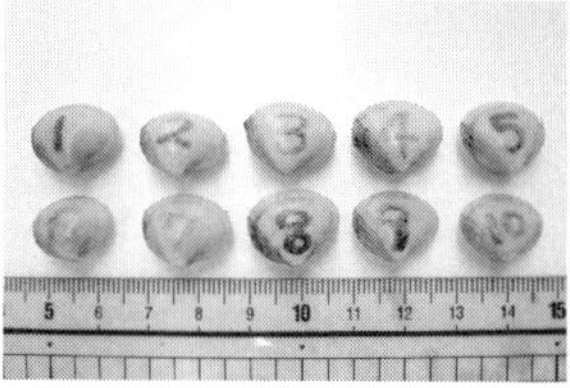

写真4-9B
実験開始から5週目のウバガイの稚貝（いずれも林正裕さん提供）

実験結果が示す「成長阻害」の証拠

稚貝の貝殻の状態を詳しく調べたところ、実験開始以前にすでに形成されていた部分については、水槽間でデータに有意な差はなかった。つまり、稚貝の貝殻は、酸性化した海水によって溶解はしなかったものの、新たな殻の形成が阻害されたのだ。林さんは実験結果について「予想以上にはっきりと、酸性化の影響が現れた。貝殻が薄くなると、稚貝は魚などの外敵に捕食されやすくなり、生残率の低下につながるおそれがある」と指摘する。

林さんらの研究グループは、二枚貝だけでなく、魚類を使った飼育実験にも取り組んでいる。貝類に比べて魚類は、酸性化による直接の悪影響を受けにくい。ただし、魚類のなかでも種によって、酸性化への「感受性」に違いがあることが実験で示された。

写真4-10
シロギス

写真4-11
マダイ　（いずれも山本智之撮影）

たとえば、白身魚のシロギス（*Sillago japonica*、**写真4－10**）は、pH7・1程度のきわめて酸性度の高い条件下でも通常どおりに産卵し、卵の孵化率も90％以上だった。ところが、同様の実験をマダイ（*Pagrus major*、**写真4－11**）でおこなったところ、pH7・5程度の段階で、孵化率が32～41％も低下することが確認された。

「酸性化に対する感受性には、生物種によって差があることがわかってきた。同じ分類群の動物でも、酸性化に対して、より脆弱《ぜいじゃく》な種が存在する可能性があり、今後さらに幅広い生物種について実験を重ねていく必要がある」（林さん）

4－4 種ごとに異なるその影響——酸性化への「感受性」を探る

琉球大学の栗原晴子助教は、京都大学の大学院生時代から、さまざまな海洋生物を対象に酸性化の影響を探る先進的な実験に取り組んできた。貝類やウニ、サンゴ——いずれも、その生活史のなかで最も酸性化の影響を受けやすいのは、殻や骨格をつくりはじめる時期だという。

たとえば、造礁サンゴの一種であるウスエダミドリイシ（*Acropora tenuis*）の場合、海底に着底して炭酸カルシウムの骨格をつくりはじめる初期段階のポリプが、大きな影響を受ける。海水が酸性化した条件下では正常に骨格が形成できないほか、成長スピードの低下も確認された。

酸性度の高い海水で生じる「成長異常」

二枚貝のマガキも、海の酸性化が進むと大きな影響を受ける可能性がある。栗原さんらの研究チームは、二酸化炭素を吹き込んで酸性度を高めた海水を用いて、マガキの「D型幼生」を育てる実験をおこなった。D型幼生という呼称は、幼生がつくる炭酸カルシウムの殻の輪郭が、アルファベットの「D」に似ていることに由来する。

実験結果によると、通常の海水では、受精卵の細胞分裂が進んで無事にD型幼生になる個体の割合は68％だった。一方、酸性度の高い海水では、殻の形成がうまく進まないことが確認された。海水のpHが7・7の条件では、幼生の殻のサイズが小さくなったほか、殻の一部にへこみができるなど、形がいびつになる現象がみられた。さらに酸性度が高いpH7・4の条件では、D型幼生へと育つことができた個体は、わずか5％にとどまった。多くの個体は殻を形成できず、グシャグシャとした細胞の塊になってしまった（**写真4－12A～C**）。

炭酸カルシウムの殻を形成できなかった幼生は、そのまま死ぬことになる。殻がいびつな形になった奇形個体も、うまく育たない可能性が高い。

海水のpHが７・４という実験条件を聞いて、極端な数値と受け止める人もいるかもしれない。IPCCの第５次評価報告書で示された世界の平均海面pHの予測では、温室効果ガスの排出が高いレベルで続くシナリオ「RCP８・５」の場合でも、２１００年に予想されるpHの低下は０・３０〜０・３２で、そのときのpH値は７・８を下回る程度と見込まれているからだ。

しかし、IPCCの報告書で示された数値は、あくまで世界の海洋の平均値である点に注意する必要がある。栗原さんは「外洋域のpHが平均で７・４になるのは、高排出シナリオのもとでも２２００〜２３００年ごろと見込まれる。ただし、海水の酸性度の季節変動や日周変動が大きい沿岸域

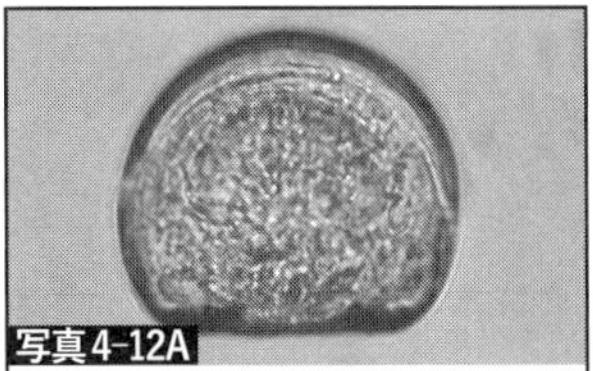
写真4-12A
正常なマガキのD型幼生

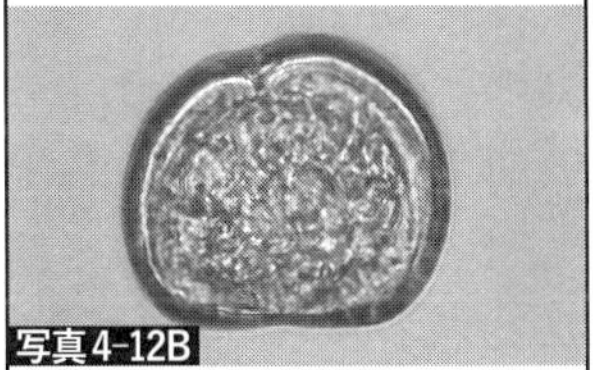
写真4-12B
pH7.7で育てた個体。殻の形がいびつになった

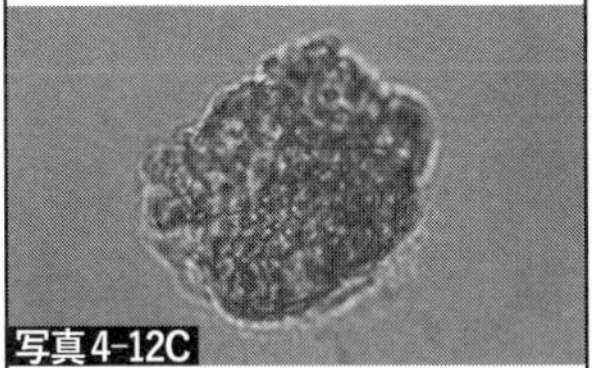
写真4-12C
pH7.4で育てた個体。殻を形成できず、細胞の塊になった

（いずれも琉球大の栗原晴子さん提供）

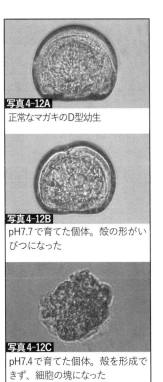

に限ってみれば、もっと早い時期に到達すると考えられる」と指摘する。

影響に気づいていないだけ?

マガキを含む日本の水産物に関して、現時点では酸性化による具体的な被害は報告されていない。この点について、栗原さんは「酸性化によるマガキへの影響が少しずつ出はじめていたとしても、私たちがそれに気づいていない可能性は十分にある」と話す。

たとえば、閉鎖性海域の沿岸では、植物プランクトンが大量に発生し、その死骸がバクテリアに分解されることで酸素が消費される一方、二酸化炭素が発生して海水のpHも低下する、といったことが起こりうる。しかし、その際に二枚貝が死ぬ被害が出たとしても、貧酸素化と酸性化が同時に起こるため、酸性化による悪影響だけを区別して見極めるのは難しい。

マガキについては、米国西海岸で2005年ごろから繰り返し報告された、幼生の大量斃死の事例がある。その要因についても、深い場所から沿岸へと湧き上がった海水が酸性化していたことと、海水が貧酸素の状態にあったことの両方による影響が指摘されている。

栗原さんらの研究グループは、食用二枚貝のムラサキイガイについても実験をおこなった。その結果、ムラサキイガイはマガキに比べ、酸性化にやや強いことが判明した。pH7・4の海水で育てても、D型幼生の殻が失われなかったのだ。とはいえ、酸性化の影響をまったく受けないわけではなく、幼生の殻の直径は、通常の個体（対照群）に比べて2割ほど小さくなった。幼生の殻には、やわらかい体組織を外敵から守る役割がある。殻が小さくなったことで、軟体部が殻からはみ出し、敵に襲われやすい状態になっていた。

ムラサキイガイの実験からは、同じ二枚貝のなかでも、種によって酸性化への「感受性」が異なることがわかる。これは、海の酸性化が進むと、耐性の低い生物がどんどん姿を消していき、生物群集の組成や生態系全体のバランスが崩れる可能性があることを示している。

甲殻類についても、種によって酸性化への感受性に大きな違いがあることがわかってきた。

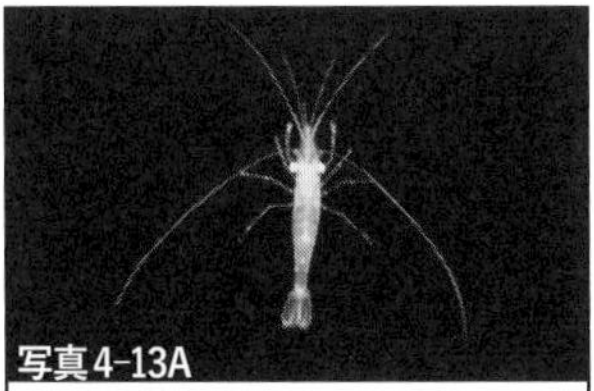

写真4-13A
通常の海水で飼育したイソスジエビ

写真4-13B
低pHの条件下では、触角が短くなる現象が見られた

（いずれも栗原晴子さん提供）

動物プランクトンとして海中に大量に存在するカイアシ類については、酸性度の高い海水で卵から親になるまで飼育しても生残率や卵の孵化率などに影響は見られず、さらにその子どもや孫の代まで、3世代にわたって影響は現れなかった。

一方で、小型のエビの一種であるイソスジエビ（*Palaemon pacificus*）は、酸性化への感受性が高いことが実験で確認された。通常の海水で飼育した場合、30週後の生残率は約90％だったが、酸性度の高い海水（pH7・89）では55％にとどまり、大きな差が出た。酸性度の高い条件下で飼育した個体には、触角が短く、折れやすくなる現象も確認された（**写真4－13A、B**）。

酸性度が高いとメスの成長速度が低下し、産卵できる大きさまでなかなか育たないこともわかった。

4－5 「過去の海水」で探る酸性化の影響――ウニの赤ちゃんに異常が発生

高級な寿司ダネとして人気の高いウニもまた、石灰化生物だ。人工的に酸性化させた海水で飼育すると、幼生のサイズが小さくなることが確認されている。栗原さんらのグループは、バフンウニ（*Hemicentrotus pulcherrimus*）やホンナガウニ（*Echinometra mathaei*、**写真4－14**）の幼生にどんな変化が起こるのかを調べた。

幼生には「腕」があり、エサの植物プランクトンを捕まえるのに役立つ。腕の表面にある繊毛《せんもう》が細かく動くことで、植物プランクトンが口へと運ばれる。実験の結果、どちらの種もpHが低くなるほど幼生の腕は短くなり、全体のサイズも小さくなることが確認された（**図4－15**）。

腕が短いほどキャッチできるエサの量は減る。腕が短くなったウニの幼生は、食べられるエサの量が減り、成長速度や生残率の低下につながると考えられる。尖《とが》った長い腕には、外敵から捕食されにくくなる効果もあると考えられており、腕が貧弱化することで外敵に襲われやすくなる可能性もある。

左右「非対称」の体に

バフンウニやホンナガウニの幼生を詳しく調べたところ、酸性度が高い条件下では左右の腕の長さが「非対称」になる現象も見つかった。体の左右で腕の長さが違ってしまうと、幼生は海中で体勢を保つことが難しくなる。幼生期に悪影響を受けることで、ウニたちが分布の範囲を広げる能力も低下してしまう可能性がある。

バフンウニの成体については、酸性度の高い条件下では生殖腺の発達に遅れが出ることが、栗原さんらの実験で確認された。また、酸性化がウニの受精率を低下させることも実験で示されている。酸性化が進む将来、ウニはさまざまなかたちで悪影響を受け、個体数が減ることが懸念される。

写真4-14
ホンナガウニ（栗原晴子さん提供）

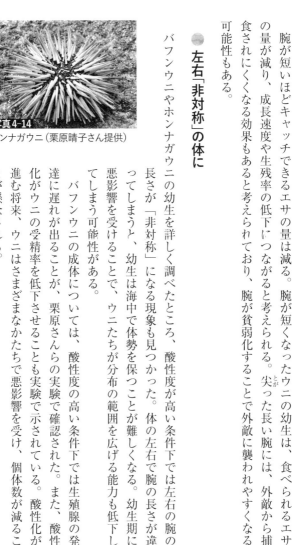

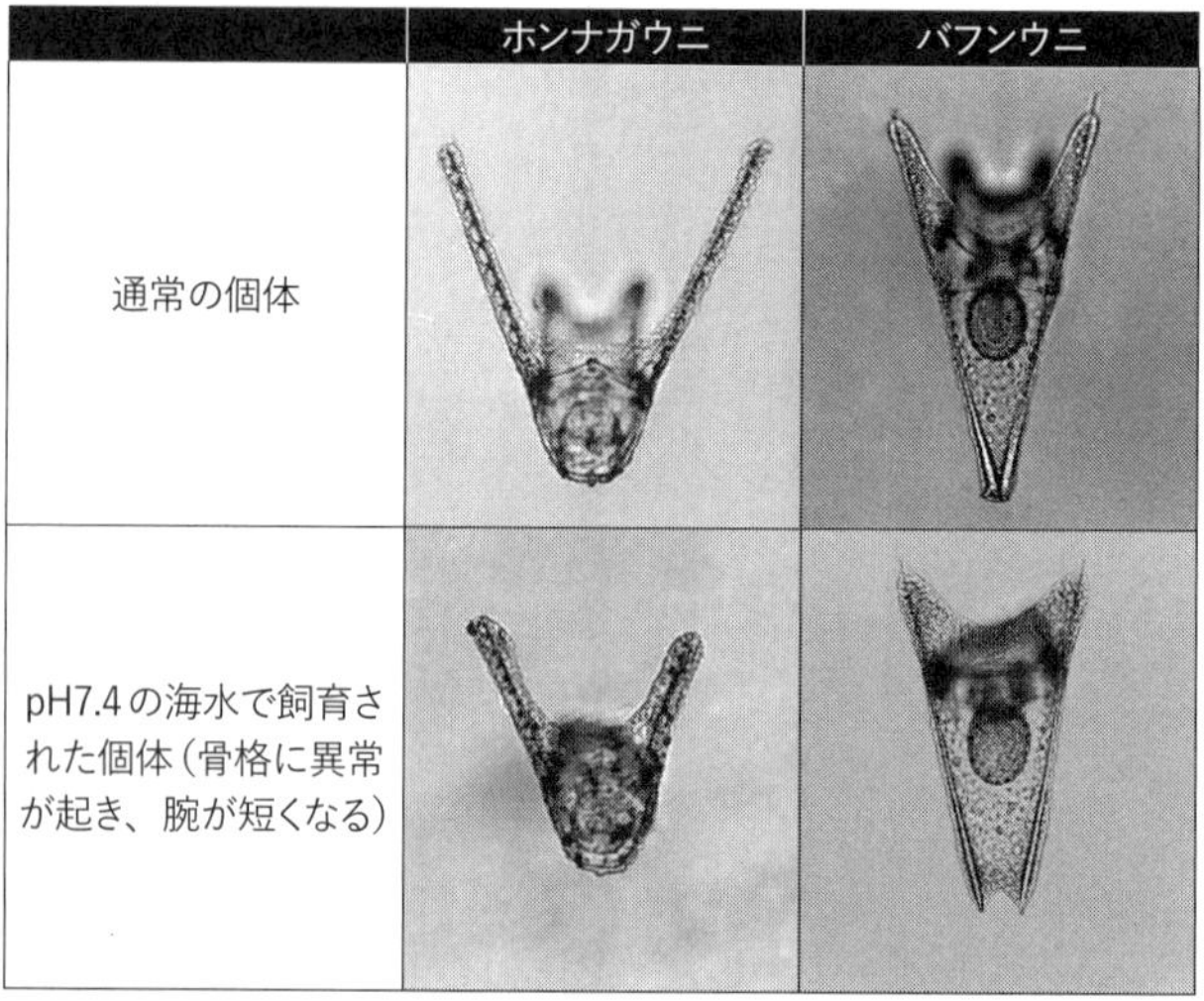

図4-15　ホンナガウニとバフンウニの幼生と、低pHの影響
（栗原晴子さん提供）

すでに現れている悪影響

京都大学瀬戸臨海実験所研究員（現・沖縄科学技術大学院大学）の諏訪僚太さんも、人工的に酸性度を高めた海水を使って、ウニの幼生への影響を調べた。ムラサキウニ（**写真4－16**）の幼生を使った実験では、現在よりも二酸化炭素濃度が高い条件の「未来の海水」だけでなく、まだ大気中の二酸化炭素濃度が低かった「過去の海水」も人工的につくって実験した。

その結果、二酸化炭素の濃度が産業革命前に近いレベル（３００ｐｐｍ）の実験条件で飼育した場合に比べ、現在の条件（４００ｐｐｍ）では腕の長さが11％

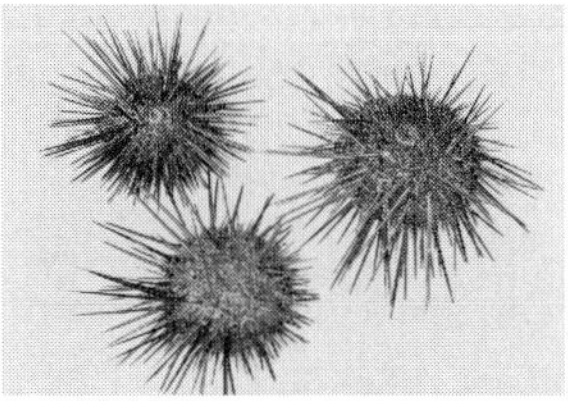

写真4-16
ムラサキウニ（山本智之撮影）

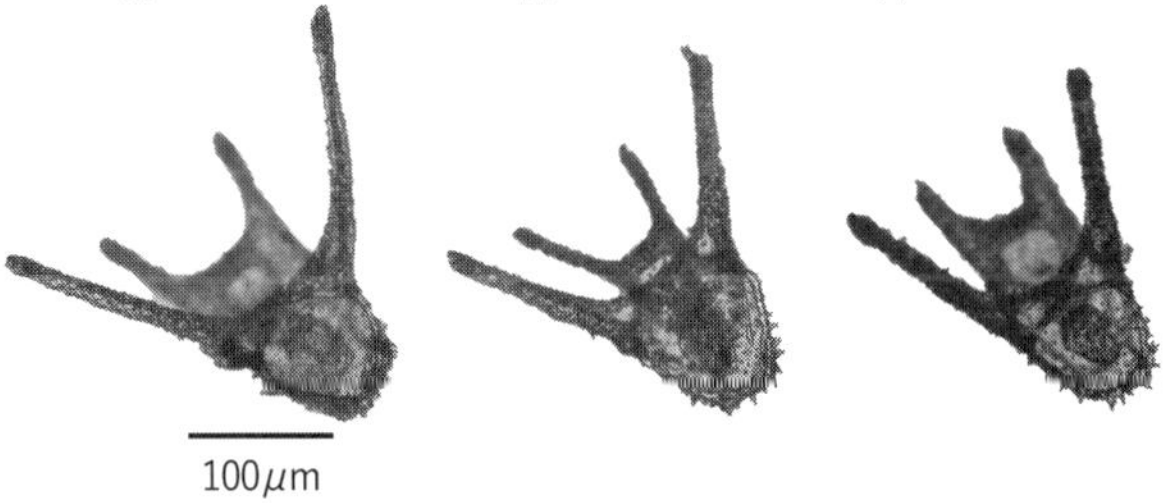

写真4-17 ムラサキウニの幼生の比較写真 CO_2濃度が高い実験条件ほど腕が短くなる（諏訪僚太さん提供）

短く、近い将来（500ppm）は14％短くなることがわかった（**写真4－17**）。つまり、現在の海で見られるウニの幼生は、過去に比べてすでに腕が短くなっている可能性があるのだ。

日本の水産物に対する酸性化の影響は、いまだはっきりと目に見えるかたちでは確認されていない。だが、海洋観測のデータから海の酸性化が年々、着実に進みつつあることは明らかだ。ウニの幼生を用いた実験が示すように、私たちが気づいていないだけで、海の生き物の体にはすでに変化が起きはじめている可能性がある。

4-6 「海の天使」クリオネに迫る危機

海の酸性化による影響が及ぶのは、貝類やウニといった、ふだん私たちがよく目にする生き物たちだけではない。一般にあまり馴染みのない「浮遊性有孔虫」という動物プランクトンへの影響も研究されている。

浮遊性有孔虫は世界で約40種類が知られている。このうち、海洋酸性化による影響がよく研究されているものの一つが、グロビゲリナ・ブロイデス（*Globigerina bulloides*）だ。直径は0・1~0・3㎜ほどで、複数の球体を組み合わせたような形の殻をもち、その材料は炭酸カルシウムだ。ごく小さな生物だが、貝やウニと同様、やはり石灰化生物の一種なのである。生きているときのグロビゲリナ・ブロイデスは、放射状のスパイン（棘状突起）によって、びっしりと覆われている（**写真4-18**）。この突起もまた、炭酸カルシウムでできている。

米カリフォルニア大学の研究チームは2017年、グロビゲリナ・ブロイデスの飼育実験の結果を論文発表した。pH8・3~7・5の範囲で、さまざまに条件を変えて飼育実験をおこなったところ、酸性度が高いと炭酸カルシウムの殻の形成が抑制されることが確認された。

一方、海洋研究開発機構や東北大学などの研究チームは、実際の海域でこの浮遊性有孔虫の殻の密度が低下する現象をとらえた。2019年に論文が発表された。

海洋研究開発機構の木元克典・主任技術研究員、岩崎晋弥・外来研究員らは、カムチャツカ半島沖から米シアトル沖にかけての北部太平洋で調査を実施した。調査船を使ってプランクトンネットを引き、海中を漂うグロビゲリナ・ブロイデスを採集して、殻の状態を分析した。その結果、深さ200m程度の場所で、殻の密度が正常なものに比べて約20%も低下する現象が起きていることがわかった。

この分析で活躍したのは、マイクロフォーカスX線CTという装置だ。数百μm程度の微細なプランクトンの殻でも、体積や表面積、密度などを非破壊で正確に測定できる。

調査では、海水のpH分析も同時に進められた。殻の密度が最も低下した個体が見つかった海域（深さ150m付近）では、海水のpHが7・25にまで下がっていた。木元さんは「まだ殻が溶ける段階にはいたっていないが、海水が酸性化した影響で新たな殻を形成しにくくなり、殻の密度が低下したと考えら

写真4-18
浮遊性有孔虫のグロビゲリナ・ブロイデス。下は電子顕微鏡写真
（いずれも木元克典さん提供）

れる」と分析する。

5600万年前の大事件

海底の堆積物に含まれる有孔虫の化石を調べると、地球の長い歴史のなかで、かつて極端な海洋酸性化が起きた時期があったことがわかる。約5600万年前のできごとで、「暁新世《ぎょうしんせい》―始新《ししん》世《せい》温暖化極大事件」とよばれる。

同事件では大気中の二酸化炭素濃度が上昇し、温暖化と海洋酸性化が同時に進行した。原因はよくわかっていないが、海底のメタンハイドレートが崩壊して大気中にメタンが放出され、酸素と反応して大量の二酸化炭素が発生したとする説や、火山活動で大量の二酸化炭素が放出されたとする説がある。当時、底生有孔虫のうち半分近くの種類が絶滅したと見積もられているが、産業革命以降の海洋酸性化の進行速度は、約5600万年前の大事件のときよりも速いことがわかっている。

木元さんらは、浮遊性の巻貝である「有殻翼足類《ゆうかくよくそく》」についても、2010年から北極海の北緯75度の海域で調査を続けている。北極海で調査をするのには、理由がある。高緯度の冷たい海は、酸性化による生物への影響が現れやすい海域とされているからだ。

原因の一つとして、海水温が低いと、大気中の二酸化炭素が溶け込みやすいことが挙げられる。北極海では特に、夏に海氷が解けることで海水が薄められ、炭酸イオンの濃度が低下することも、殻のつくりやすさの指標となる「炭酸カルシウム飽和度」の低下につながる。

「骨粗鬆症」になった貝

北極海で木元さんらが調査している有殻翼足類は、ミジンウキマイマイ（*Limacina helicina*）という種類だ。カタツムリを思わせる形の殻をもち、翼足をパタパタと羽ばたかせて海中を泳ぐ（**写真4－19**）。

写真4-19
ミジンウキマイマイ

写真4-20
セジメントトラップ
（いずれも木元克典さん提供）

調査では、「セジメントトラップ」とよばれる漏斗型の装置（**写真4－20**）を海中に沈め、沈降してくるミジンウキマイマイの死骸を集めた。調査海域の水深は1950m。深さ180mと1300mの位置にそれぞれセジメントトラップを設置し、ミジンウキマイマイの殻を大量に回収した。マイクロフォーカスX線CTを用いて、1個体ずつ殻の状態を詳しく調べた。

その結果、炭酸カルシウムの殻の密度が、正常なものに比べて最大で40％も少なくなる現象が発生していることが判明した。殻の密度には季節による変動が見られるものの、北極海のミジンウキマイマイたちは、人間でいえば「骨粗鬆症《こつそしょうしょう》」のような状態になっていることが浮き彫りになった。

こうした極端な殻の密度の低下は、年間を通してみると、11月ごろと8月ごろに発生していた。8月については、夏に北極海の海氷が解けて海水が薄められ、殻の材料となる炭酸イオンの濃度が低下したことも原因になったとみられる。

北極海と同様、南極海もまた、海洋酸性化の影響が現れやすい海域だ。欧米の研究チームは2012年、南極海に生息する有殻翼足類について、殻の一部が溶ける異変が見られるとする調査結果を発表している。木元さんは「有殻翼足類については、すでに自然界でも海洋酸性化の影響が現れはじめていると考えるべきだ」と指摘する。

木元さんらは現在、プランクトンネットで北極海のミジンウキマイマイを生きたまま採集し、酸性化の影響を探る調査に取り組んでいる。この調査では、炭酸カルシウム飽和度が低い海域や季節において、生きたミジンウキマイマイの殻の密度が実際に低下していることも確認された。

貝殻をもたないクリオネにも深刻な影響が出る理由

健康なミジンウキマイマイの殻は、透きとおって美しい。しかし、人工的に酸性化させた海水で飼育すると、殻の色が白くくもるほか、殻が割れたり、穴があいたりすることが確認されている。こうした個体は浮力調整がうまくできなくなり、エサがとれずに死ぬ確率が高まると考えられている。酸性化が進むにつれて、ミジンウキマイマイたちは、次の世代へと命をつなぐことが難しくなるのだ。

「ミジンウキマイマイにとっては、温暖化による海水温の上昇よりも、酸性化によるダメージのほうが大きいだろう。このまま酸性化が進めば、ミジンウキマイマイは将来、生きていけなくなる可能性がある」（木元さん）。ミジンウキマイマイは、サケ類やニシン類など、さまざまな魚たちのエサとしても重要で、激減したり絶滅したりすれば、これらの魚類を含む北の海の生態系全体に大きな影響を与える可能性がある。

なかでも深刻な影響を受けるとみられるのが、「海の天使」や「流氷の天使」ともよばれ、水族館などで人気の「クリオネ」だ。正式にはハダカカメガイ（*Clione elegantissima*）といい、北海道沿岸を含む北太平洋に広く分布している（**写真4－21**）。

体は透明で、赤い内臓が透けて見える。貝殻をもたない「裸《ら》殻翼足《かくよくそく》類」の一種で、天使の翼の

写真4-21
ハダカカメガイ（東京都品川区のしながわ水族館、山本智之撮影）

ように見える部分が翼足である。

北海道蘭越町《らんこしちょう》にある貝類専門博物館「蘭越町貝の館《やかた》」で学芸員を務める山崎友資さんによると、オホーツク海南部の北海道沿岸のハダカカメガイの場合、冬は体長が２cm未満の個体がよく見られ、春に現れる集団は体長３cm以上の個体が多い。

ハダカカメガイは偏食で、ミジンウキマイマイをエサにして生活している。バッカルコーンという器官を大きく広げてミジンウキマイマイを捕らえ、その肉を食べる。海洋研究開発機構の木元さんは「海洋酸性化が進行して、エサであるミジンウキマイマイが姿を消すことになれば、ハダカカメガイたちも生きていけなくなるだろう」と危惧する。

蘭越町貝の館の山崎さんも、「クリオネは、唯一のエサであるミジンウキマイマイを失うと、絶滅する可能性がある」と指摘する。

4-7 カニの幼生が「溶解」している？

海洋酸性化による生物への影響は、実験室レベルではさまざまに調べられている。しかし、自然界における報告事例は、北極海の翼足類の研究などを含め、まだ数えるほどしかない。そんななか、米国の研究グループが２０２０年、「酸性化の影響でカニの幼生の殻が溶けている」とする新たな調査結果を発表した。

調査対象は、食用のカニとして有名なアメリカイチョウガニ（*Metacarcinus magister*）だ。北米西岸のアラスカ～カリフォルニアに分布し、「ダンジネスクラブ」の通称で親しまれ、日本にも輸入されている（**写真4－22**）。

写真4-22
食用に流通し、「ダンジネスクラブ」の名で親しまれているアメリカイチョウガニ（山本智之撮影）

研究グループは、米西海岸沖の太平洋でプランクトンネットを使ってアメリカイチョウガニの後期幼生（メガロパ幼生）を捕獲した。走査型電子顕微鏡で体のようすを詳しく調べた結果、酸性度の高い海水の影響によって外骨格が溶けたり、体表にある感覚器官が損傷を受けたりしているケースが見つかった。メガロパ幼生は稚ガニになる前の段階で、浮遊生活から底生生活へと暮らしぶりが大きく変わる「移行期」にある。この時期に外骨格が脆弱化したり、感覚器官が失われたりすると、無事に着底して稚ガニへと成長できる確率が低下する危険性があるという。

いつから始まった現象なのか

海洋研究開発機構の白山義久・特任参事は、米国グループの調査結果について「海の酸性化は確実に進行しつつある。自然界において酸性化の影響をとらえた貴重な研究成果の一つだ」と評価する。外骨格の溶解が起きたのは、一日のあいだに深層と表層とを行き来する「日周鉛直移動」にともなって、メガロパ幼生がpHの低い海水の層を通過したことが原因とみられる。

白山さんは、「日本周辺でも、陸域からの有機物などの流入が多く富栄養化した海域では、酸性度の高い海水の層が形成され、同じような現象が起きているかもしれない」としたうえで、「メガロパ幼生の外骨格の溶解が起きているという事実は確認されたが、いつからこうした現象が始まったのかは、現時点でははっきりしていない」と指摘する。

幼生の殻の溶解という現象が、アメリカイチョウガニの資源量全体にどの程度のインパクトをもたらすのかも明確になっておらず、今後のさらなる研究の進展に注目したい。

4-8 実在する「未来の海」――酸性化は生態系にどう影響するのか

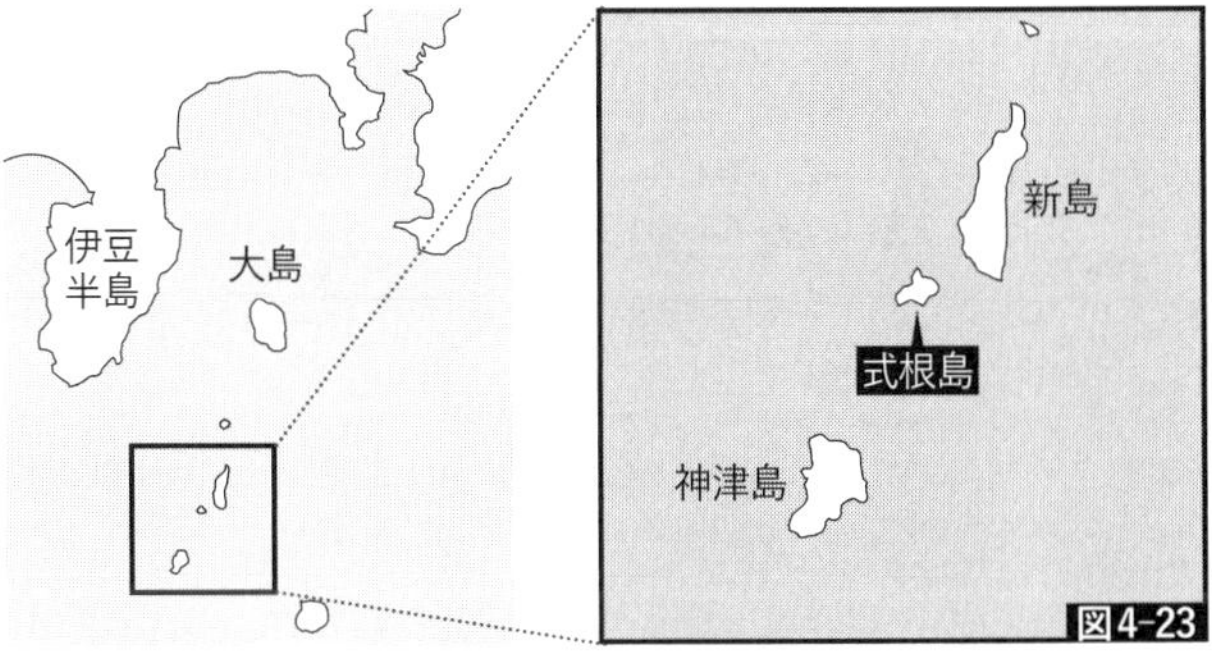

図4-23

プロローグでは、酸性化の進んだ「未来の海水」を人工的につくり、プランクトンへの影響を探る実験研究のようすを紹介した。この実験を進めてきた筑波大学下田臨海実験センターはいま、伊豆諸島の式根島《しきねじま》での調査に力を入れている（図4-23）。式根島には、「天然の実験場」があるからだ。

式根島の沿岸には、海底から二酸化炭素ガスが噴き出して海水に溶け込み、通常よりもpHが低下している場所が存在する。つまり、酸性化が将来、海の生き物たちにどのような影響を与えるのかを、自然環境下で垣間見ることができる場所なのだ。

陸上の水槽でおこなう飼育実験の場合、取り扱える生物種の数には限りがある。式根島の海を調べることで、酸性化が生物間の相互作用や生態系にどんな影響を及ぼすか、そのヒントが得られると期待されている。

pH6・9を示す「超酸性化」海域

式根島は、東京都心から約１６０㎞離れた東京都新島村《にいじまむら》に属している。島内の複数の場所で二酸化炭素の噴出が見られるが、おもな調査現場となっているのは島の南西部にある御釜湾《みかわ》だ。海底のあちこちから泡が立ちのぼる湾内は、ダイビングスポットになっている。この御釜湾を筑波大学の研究チームが詳しく調べ、海底から二酸化炭素が噴き出している「CO_2シープ」であることを突き止めた。

私は、御釜湾内に潜水してみた。海底のあちこちから白い泡が幾筋も立ちのぼり、それがキラキラと輝く海面に吸い込まれていく幻想的な光景が広がっていた（**写真4－24**）。

御釜湾の海水のpHは潮の干満などによっても変動するが、場所によってはpH６・９という極端に低い値が記録されたこともある。海水のpHは、二酸化炭素が噴出している場所に近いほど低い傾向にあり、遠く離れるにしたがって一般的な海水の値に近づく。

筑波大学の和田茂樹助教は「二酸化炭素の噴出域に近い場所は『未来の海底』に似た状態にある。噴出域からの距離を、現在と未来との時間軸に置き換えて考えることができる」と語る。

巻貝「ボウシュウボラ」に異変

筑波大学の研究チームが詳細な調査に取り組んでいるのは、二酸化炭素の噴出域から少し離れた海域だ。たとえば、噴出域から２００～３００ｍほど離れた海域では、７・８前後のpH値が観測される。人類がこのまま温室効果ガスを排出し続けた場合、２１００年ごろに到達すると想定

写真4-24
岩の隙間から出る大量の泡と潜水取材中の筆者（2019年、式根島の海底で）

写真4-25A
サンゴと海藻が入り交じる式根島の海底。生物の多様性が高い

写真4-25B
低pH海域の海底は、小型の藻類に覆われ、生物の多様性が低い

（いずれも筑波大学提供）

写真4-26A
式根島の通常海域で見られるボウシュウボラ

写真4-26B
酸性化海域のボウシュウボラ。殻の色が白っぽい

（いずれも筑波大学助教・Ben Harveyさん提供）

される値で、「未来の海」の姿を具体的にとらえるうえで参考になる場所だ。

一方、酸性化の影響を受けていない島南部の海域を「コントロール域」として選び、こちらも比較のために生物相などの調査を続けている。私は2019年秋、和田さんら筑波大学の調査チームと一緒に、コントロール域の海に入ってみた。水中メガネをつけて眺めると、海底のあちこちに大きなテーブルサンゴがあるのが見えた。

コントロール域では、海底の岩礁を複数の種類のサンゴや海藻が混在して覆っている。しかし、pHの低い海域では、サンゴの量が極端に少ない（**写真4－25A、B**）。海藻の種類についても違いが見られ、低pH海域ではシマオウギ（*Zonaria diesingiana*）やイワヅタ類など、背の低いタイプの海藻が目立つ。式根島の海底には、炭酸カルシウムを体に沈着させて育つサンゴモ科のヒライボ（*Lithophyllum okamurae*）などの「石灰藻《せっかいそう》」もよく見られるが、これらの海藻も低pH海域では非常に少ない。

海水の酸性度が高いエリアとそれ以外の場所とでは、生物相の違いがはっきりと見られる。影響が特に目立つ生物の一つが、巻貝のボウシュウボラ（*Charonia lampas sauliae*）だ。通常の貝殻は褐色だが、pHの低い海域では、貝殻の色が白っぽくなった個体が見られる（**写真4－26A、B**）。調査の結果、貝殻の表面が溶け、ダメージを受けていることが判明した。

なかには、殻頂部《かくちょう》が損傷していたり、殻の一部に穴があいたりしているものも見つかった。殻のサイズを測定したところ、低pH海域の個体は通常よりも小さいことが判明した。貝殻の状態をCTスキャンで詳しく調べた結果、殻が薄くなり、殻の密度が低下していることも確認された。和田さんは「式根島の海に潜ることで、酸性化が生物に与える影響がいかに大きいのか、リアリティーをもって感じられるようになった」と話す。

海藻とサンゴが入り交じる式根島の海底には、たくさんの種類の魚がすんでいる。しかし、pHの低い海域では、生息する魚の種類も通常より少ない傾向にある。

「天然の実験場」である式根島の海底に広がる「酸性化した海」――。その海底では、サンゴや大きな藻類の代わりに、背の低い藻類が幅を利かせている。そして、魚の姿が少なく、どこかのっぺりとした雰囲気の、単調な海中景観が広がっている。

式根島のように、二酸化炭素ガスが自然に噴出する「CO_2シープ」がある海域としては、イタリアにある火山島のイスキア島などが以前から知られていた。式根島のボウシュウボラと同様に、イスキア島でも巻貝の殻の表面が溶けて白くなる現象が報告されている。近年は、同じくイタリアにある、やはり火山島のヴルカーノ島のほか、ギリシャやパプアニューギニアなど、世界各地でCO_2シープの存在が明らかになっている。

国内では式根島のほか、無人の火山島である硫黄鳥島《いおうとりしま》（沖縄県久米島町）にCO_2シープがあることが知られている。そこではどんな、「未来の海」の光景が見られるのだろうか。

4-9 未来の海は「貧しい海」なのか——もう一つの「天然実験場」

硫黄島島は、鹿児島県・徳之島の西方約65㎞の洋上に浮かぶ、面積約2・5㎢の小さな無人島だ（**図4-27**）。式根島と同様に、海水からは有毒な硫化水素がほとんど検出されておらず、二酸化炭素が海に溶け込むことによる酸性化の影響を調べるための好適地となっている。

硫黄島島のCO_2シープについては、東京大学海洋調査探検部の学生たちが2009年に科学調査をおこない、その結果を発表している。それによると、島の東部には温泉があり、二酸化炭素ガスが噴出している。噴出域に近い海域ほど、海水のpHが低い傾向にあるという。

二酸化炭素噴出域から約700m離れた場所では、海水のpHは通常と同レベルの8・16の弱アルカリ性で、生きたサンゴが海底の5~7割を覆う健全なサンゴ礁が広がっている（**写真4-28**）。一方、海水が酸性化したエリアでは、サンゴのような硬い骨格をもたない「ソフトコーラル」が主役となっていた（**写真4-29**）。特に、噴出域から90m付近のpH7・74の海域では、生きた造礁サンゴは見られず、ソフトコーラルの一種「ヒラウミキノコ」（*Sarcophyton elegans*）が海底を覆い尽くすように密生していた。

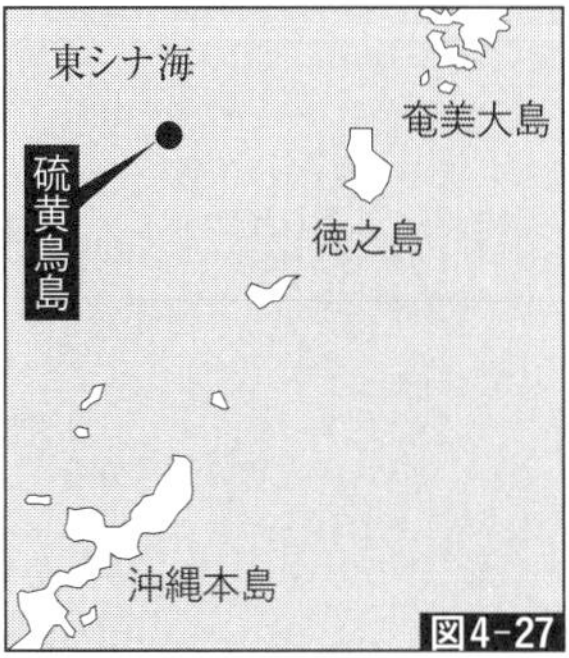

図4-27

写真4-28
海水のpHが通常の海域には、健全なサンゴ礁が広がる（硫黄鳥島、東京大学提供）

写真4-29
硫黄鳥島の低pH海域。海底の主役はソフトコーラル類だ（琉球大の栗原晴子さん提供）

サンゴ礁海域で酸性化が進んだ場合、従来は、サンゴに代わって海藻が優占するようになると考えられてきた。しかし、硫黄鳥島の調査によって、海の酸性化が進む将来、南の海では海底を覆う造礁サンゴが衰退し、ソフトコーラル類へとシフトする可能性もあることが示された。ソフトコーラル類は造礁サンゴに比べ、海洋酸性化への耐性が高い生物だといえる。

詳しい調査結果は、2013年に論文発表された。一連の研究では、高い二酸化炭素濃度の空気を送り込んで海水の酸性度を高め、陸上水槽でサンゴやソフトコーラル類を飼育する実験もおこなわれた。東京大学と琉球大学の研究チームは、そうしたデータもふまえたうえで、300〜400ppmの条件下ではサンゴが優占するが、800〜1000ppmではソフトコーラル類が優占し、1500ppmを超えるといずれの成育も抑制される、と結論している。

研究チームは、その後も硫黄鳥島での科学調査を続けている。サンゴ礁学が専門で、研究チームのリーダーを務める茅根創《はじめ》・東京大学教授は「硫黄鳥島は日本のサンゴ礁海域で唯一、CO_2シープの存在が確認されている場所だ。今後の調査では、硫黄鳥島に分布するサンゴが、通常のものに比べて酸性化への高い耐性をもっているかどうかも調べてみたい」と語る。

モノトーンの海中景観

硫黄鳥島でシュノーケリング調査をした栗原晴子・琉球大学助教は、pHの低い海域について

「テーブル状などの造礁サンゴがほとんどなく、魚やウニなどの種類もとても少ない。通常の海域とは、海中の風景がまったく違う」と話す。

ヒラウミキノコは、分類上はサンゴと同じ「刺胞動物門」に属する。しかし、軟体部の中に小さな骨片が無数に埋まっており、造礁サンゴのようなしっかりとした骨格はもたない。このため、ブヨブヨとしたゴムのような手触りだ。

灰色がかったヒラウミキノコが優占種となっている硫黄鳥島の酸性化海域——。そこでは、海の底を見渡しても、沖縄のサンゴ礁に特有なカラフルさがなく、モノトーンの海中景観が広がっている。栗原さんは「酸性化が進んだ未来の海においても、生物の多様性は同様に低下すると考えられる。特定の種類の生き物に偏った『貧しい海』になってしまうだろう」と憂慮する。

4-10　日本からサンゴが消える日——「2070年代に全滅」予測も

生物多様性の高さから、「海の熱帯雨林」とよばれるサンゴ礁（**写真4-30**）。しかし、地球温暖化が進むにつれてサンゴの大量死を招く白化現象のリスクはさらに高まり、将来は酸性化による影響も懸念されている。その両者の影響を探るシミュレーション研究の結果を2012年、国立環境研究所の屋良《やら》由美子さん（現・海洋研究開発機構）や山野博哉さん、北海道大学の藤井賢彦さんらの研究グループが発表した。

　それによると、人類による二酸化炭素の排出がこのままのペースで進んだ場合、日本近海ではサンゴの分布可能域が大幅に縮小し、２０７０年代には全滅する可能性さえあるという。

　研究グループは、２１００年に大気中の二酸化炭素濃度が現在に比べて約２倍の８００ｐｐｍ余りになるという条件（Ａ２シナリオ）に沿って、シミュレーションをした。サンゴの分布域の予測では、比較的高緯度に分布する「温帯性サンゴ」と、低緯度の「熱帯・亜熱帯性サンゴ」について、それぞれ計算した。

　まず、海水温の上昇にともなうサンゴの分布可能域の拡大については、温帯性サンゴが分布できる水温域（最寒月の平均水温10℃）の北限は、日本近海では年平均１・２㎞のペースで北上

写真4-30

海面の下に、森のように広がるサンゴ（半水面写真。沖縄県・石垣島、山本智之撮影）

し、日本海側では2090年代に青森県北部のあたりまで達すると予測された。熱帯・亜熱帯性サンゴが分布できる水温域（最寒月の平均水温18℃）の北限も年平均2・6㎞のペースで北上し、太平洋側では2090年代に千葉県北部あたりが北限になるという。全体として、サンゴの分布の北限は、ゆっくりだが着実に、北へシフトしていくという結果だ（**図4－31**）。

酸性化で狭まるサンゴの生息可能域

その一方で、石灰化生物であるサンゴが生息するうえで大きな問題となるのが、海洋酸性化だ。酸性化が進むと、サンゴは炭酸カルシウムの骨格をつくりにくくなる。

炭酸カルシウムには、アラゴナイト（あられ石）やカルサイト（方解石）といった結晶形の違いがある。たとえば、二枚貝のホタテガイは貝殻の大部分がカルサイトであるのに対し、造礁サンゴの骨格はアラゴナイトで構成されている。研究グループは、サンゴの骨格のつくりやすさの指標となる「アラゴナイト飽和度」をもとに、サンゴの分布可能域を予測した。現在のサンゴの分布状況や先行研究のデータに基づき、温帯性サンゴは「飽和度2・3」、熱帯・亜熱帯性サンゴは「飽和度3」を、それぞれの分布限界と設定した。

飽和とは、液体に物質を溶かしていったときにそれ以上溶けない状態のことをいい、化学理論上は、飽和度が1より大きければ「過飽和」の状態となる。しかし、造礁サンゴはもともと、ア

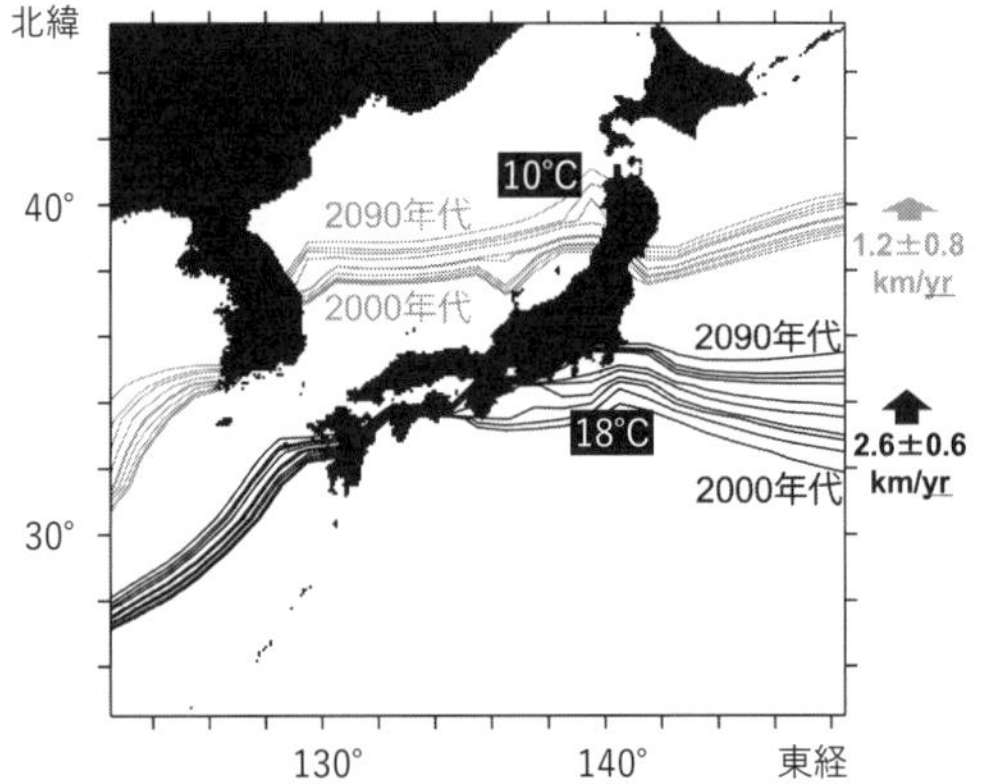

図4-31　サンゴの分布に適した水温域の北上予測　2090年代に向けて、サンゴの分布に適した水温域の北限は、徐々に北へシフトしていくと予測される。最寒月10°Cのラインは温帯性サンゴ、同18°Cのラインは熱帯・亜熱帯性サンゴの分布可能な水温域の北限を示す

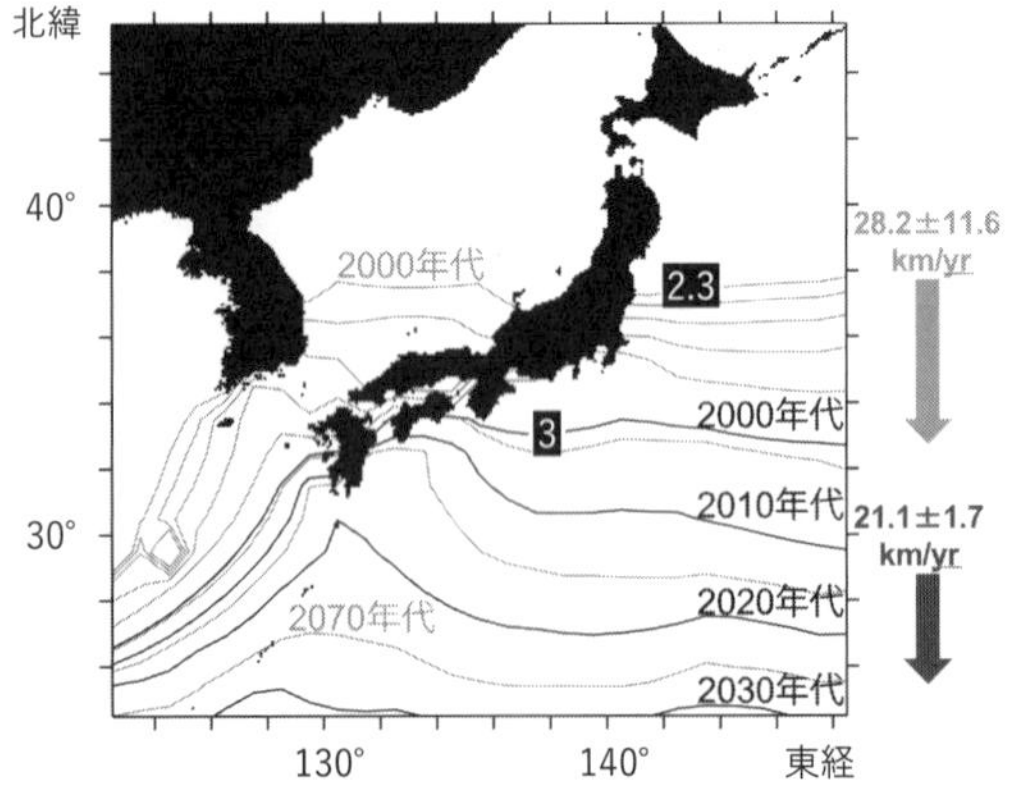

図4-32　酸性化が進行し、サンゴの生育に適さない海域が南に拡大
アラゴナイト飽和度「2.3」のラインは温帯性サンゴ、アラゴナイト飽和度「3」のラインは熱帯・亜熱帯性サンゴの分布域の指標で、いずれも南下していくと予測される　　　　　　（画像はいずれも屋良由美子さん提供）

ラゴナイト飽和度が比較的高い海域で生息してきた生物であるため、海洋酸性化が進むと、飽和度が1に達するよりもずっと前の段階で、悪影響が出ると考えられる。

アラゴナイト飽和度が低く、サンゴの生息に適さない海域は、水温の低い高緯度ほど早い時期に出現する。シミュレーションによれば、海洋酸性化の進行にともない、温帯性サンゴの生息に適した海域の北限（アラゴナイト飽和度2・3のライン）は、日本近海では年平均28・2㎞のペースで南下していく。同様に、熱帯・亜熱帯性サンゴの生息に適した海域の限界（アラゴナイト飽和度3のライン）も、年平均21・1㎞のペースで南下するという結果になった（**図4－32**）。

つまり、サンゴの生息に適さない酸性化した海域が、日本列島を覆うように北から南に向けて、徐々に広がっていくというのだ。

温暖化と酸性化の「ダブルパンチ」

一方、南の海域に残ったサンゴは、温暖化による水温上昇により、白化現象とそれにともなう大量死に直面する。

酸性化と温暖化のダブルパンチにより、サンゴが生育できる海域は、２０６０年代には九州～四国沖の一部海域だけに縮小し、２０７０年代には「サンゴの生息適地は日本近海から消滅するおそれがある」という結果になった。

日本近海のサンゴは、温暖化に応じて分布域を北へ拡大することで、高水温の海域から逃げ切ることができるかもしれないと考えられていた。しかし、海洋酸性化の進行によって、北への分布拡大を抑えられてしまうため、その進路を阻まれるかたちだ。

「日本近海では、海水温の上昇にともなってサンゴが分布を北に広げようとしても、それを上回るスピードで酸性化にともなう生息不適エリアが北から広がってしまう。酸性化の影響は北から、温暖化による白化の影響は南から広がり、サンゴの生息可能域はその両方にサンドイッチされるような状況になる」(屋良さん)

2070年代に日本のサンゴが全滅するかもしれないという予測結果は、あくまで温暖化対策が進まなかった場合を前提としたものだ。また、サンゴの生息にとっての適/不適の判断は、現在のサンゴの分布や生態研究のデータに基づいて評価されたものであり、環境条件の変化に対する生物としてのサンゴの「適応力」の可能性については、今後の研究でさらなる検討を要するだろう。そうした点は考慮すべきだが、サンゴの生息を脅かすのは温暖化だけではなく、酸性化が及ぼす影響についても考えなければならないといえる。

研究チームはその後、温室効果ガスの排出が少なく、今世紀末の気温上昇量を1・8℃前後(1980〜1999年平均との比較)とするB1シナリオについても、同様のシミュレーションをおこなった。この低排出シナリオの場合は白化による悪影響が抑えられ、琉球列島周辺でサンゴが生き残ることができるという結果が出た。一連の研究は、健全なサンゴ礁の生態系を維持するために、二酸化炭素の排出削減対策が不可欠であることをあらためて示している。

4-11 日本沿岸で進む海洋酸性化

海洋研究開発機構などの研究グループは2019年、日本の沿岸域における海洋酸性化の状況を環境省の調査データを使って分析し、論文にまとめた。1978年から2009年にかけて収集されたpHのデータを集計したところ、日本の沿岸域では全体として年間0・0014〜0・0024のペースで有意に低下傾向が見られたという。

分析したのは、環境省が海洋汚染の監視を目的におこなっている「公共用水域」の調査データで、溶存酸素量（DO）などの項目とともにpHの値が記録されている。論文の筆頭著者で同機構特任研究員の石津美穂さんは「公共用水域のデータは全国各地を網羅している。世界的に見ても、これほどの密度でモニタリングポイントを配置している国はほかにない」と話す。

海水のpHの低下ペースは、沿岸域と外洋でほぼ同程度だったが、沿岸域では場所によって酸性化の進み方に大きな違いがあることが浮き彫りになった。外洋よりはるかに酸性化のペースが速い地点がある一方で、pHがむしろ上昇している地点もあった。分析の対象として選んだ全国289地点のうち、全体の70~75%で酸性化、25~30%でアルカリ化の傾向が見られた。

研究グループのメンバーで、水産研究・教育機構国際水産資源研究所グループ長の小埜《おの》恒夫さんは「日本の沿岸域で酸性化のペースが特に速い場所では、外洋に比べて5倍、あるいはそれ以上の速さでpHの低下が進んでいる」と指摘する。

外洋域のデータだけを見るリスク

小埜さんらの分析によれば、富栄養化の指標となる「全窒素」(無機態窒素と有機態窒素の総量)が増加している海域では、pHの低下速度が大きい傾向にある。生活排水や化学肥料を含んだ農業排水などが河川経由で流入することで、その海域の酸性化が促される可能性を示す結果だ。

海水中の窒素が増えると、海の表層で植物プランクトンが増えて多くの有機物をつくり出す。有機物が浅い海底に沈降し、分解されることで二酸化炭素が放出され、その結果、pHの低下を招く。小埜さんは「海水中の全窒素を減らすことで、酸性化の進行を遅らせたり、歯止めをかけたりすることも可能になる」と指摘する。

海洋酸性化による水産業への将来に向けた影響を考えるとき、沿岸海域でのpHの挙動を知ることは非常に重要だ。マガキやホタテガイが養殖され、アサリやサザエ、アワビ類が漁獲されているのは、いずれも岸から遠い沖合海域ではなく、沿岸の浅い海域だからである。

外洋域と比較したとき、沿岸域におけるpHの挙動の大きな特徴として、日周変動が大きいことが挙げられる。たとえば、北太平洋海洋科学機構のレポートに掲載されている北海道小樽市忍路《おしょろ》沿岸における2014年夏季のpHデータを見ると、かなり大きな上下動を繰り返しているのがわかる。沿岸の同じ地点であるにもかかわらず、高いときにはpHが8・4を超えている一方、低いときには7・5を下回っている。

コンブ類などの大型海藻が分布する沿岸では、昼間は太陽の光を浴びて活発に光合成がおこなわれる影響で、pHは上昇する。一方で、夜間は低下する。沿岸域では一日のあいだでもpHの変動幅が大きいため、外洋域のpHにばかり注目していると、沿岸域では酸性化による生物への影響が予想以上に早く現れて、足をすくわれる可能性があるといえるだろう。

pHが大きく季節変動する東京湾

沿岸の海水の酸性度は、時間帯によって変化するだけでなく、季節などの条件によっても大きく左右される。調査の結果、大きな季節変動が確認された海域の一つが、東京湾だ。

東京海洋大学や水産研究・教育機構などの研究グループが2015年に発表した論文によれば、東京湾の湾奥部では、夏季に底層水のアラゴナイト飽和度が最低で1・5程度まで低下する

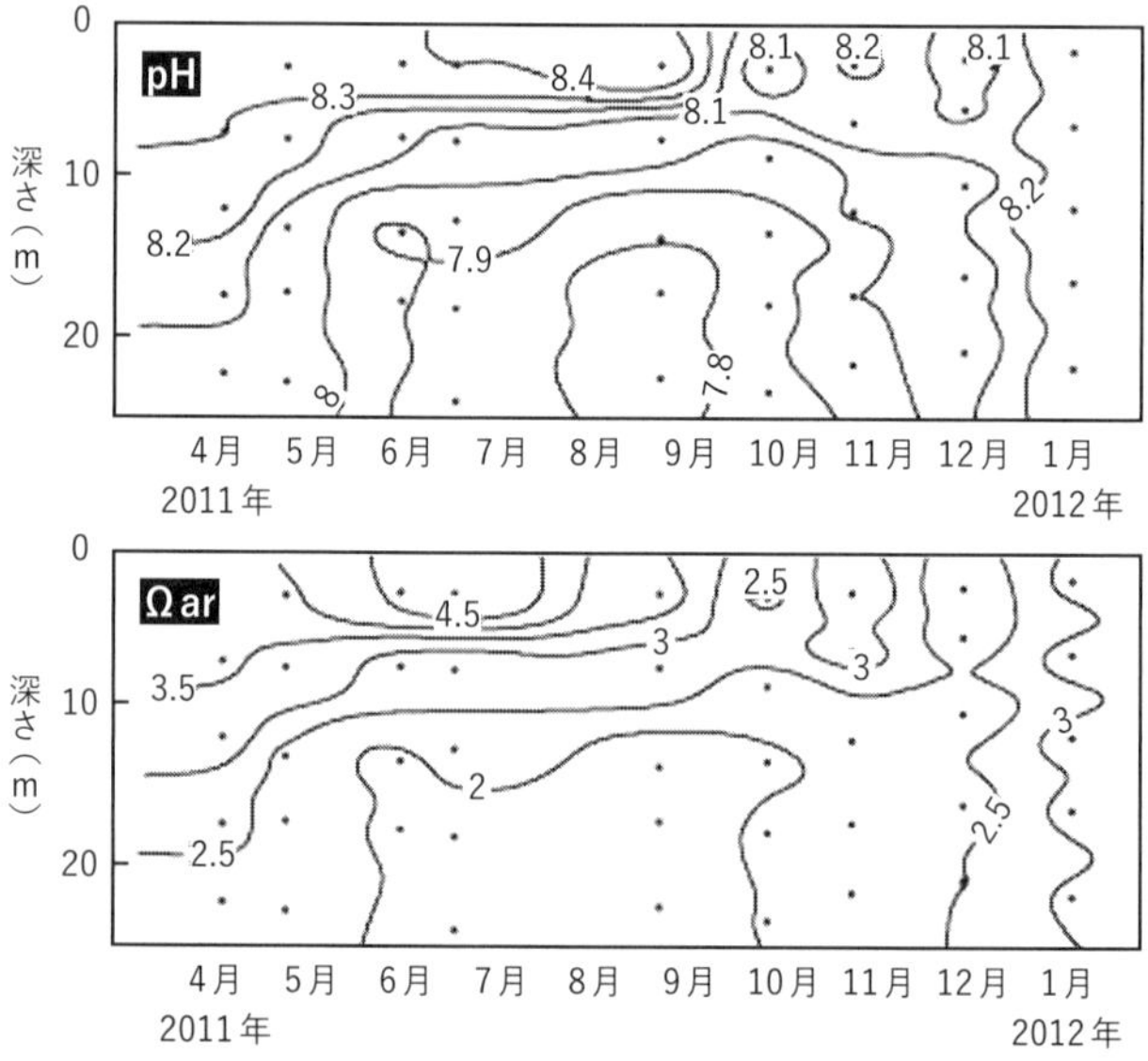

図4-33　東京湾の海水の酸性度と季節による変動　東京湾の湾奥部（水深23m）で測定された海水の水素イオン濃度指数（pH、上図）とアラゴナイト飽和度（Ωar、下図）。いずれの図も、縦軸は海面下の深さ、横軸は時間軸を示す。酸性度の高い海水（上図はpH＜7.8、下図はΩar＜2）は、おもに夏季に底層付近に出現することがわかる（川合美千代さん提供）

現象が、すでに確認されている。

この論文の筆頭著者である川合美千代・東京海洋大学准教授によると、東京湾の海水のアラゴナイト飽和度は、外洋域に比べて季節変動の幅が5倍以上も大きい。

研究グループは、2011年4月から2012年1月にかけて東京湾で定点観測をおこない、海水の酸性度の変化を調べた。その結果、東京湾で底層の海水のpHやアラゴナイト飽和度が最も低下するのは、夏を中心としたシーズンであることが確認された（図4－33）。水深23mの定点で調査期間中に観測された最低値は、pHが7・72、アラゴナイト飽和度が1・55だった。

夏場の酸性度はなぜ高まるのか？

暑い季節に、底層の海水の酸性度が高まるのはなぜなのか。

夏季の東京湾では、海の表面近くにあたたかく塩分の低い海水の層が形成され、底層の水温が低く塩分の高い海水と混合しにくい状態になる。こうした「成層化」の影響により、死んだプランクトンなどの有機物が分解されて生じた二酸化炭素が、底層の海水中に溜まりやすくなるのだ。このメカニズムがはたらいたため、底層で高い酸性度が観測されたと考えられる。

将来に向けた海洋酸性化の進行は、富栄養化や貧酸素に直面する東京湾の生態系に、さらなるストレスを加える可能性が高い。川合さんによれば、大気中の二酸化炭素が600ppmを超えると、東京湾の湾奥では、夏季に底層の海水のアラゴナイト飽和度が1を下回る「未飽和」の状態になると予測される。未飽和の海水が発生する年代は、外洋の表層水に比べ、約60年も早くなる見通しだという。

研究グループは、観測で得られたデータをもとに、東京湾への栄養塩の流入量と酸性化レベルの関係についてシミュレーションをおこなっている。大気中の二酸化炭素濃度を現在と同じ約400ppmの条件で計算した場合、東京湾の富栄養化を仮に現在の2倍にしたとすると、海水のアラゴナイト飽和度は1・1程度まで低下するおそれがある。アラゴナイト飽和度は1を下回ると貝類の幼生の殻が溶けはじめるとされるから、石灰化生物にとって深刻なレベルだ。

一方で、もし東京湾の富栄養化を解消して、高度成長期以前のレベルに戻すことができれば、アラゴナイト飽和度は1・9程度に保てるという。

この研究グループのメンバーでもある小埜さんは、「現在の栄養塩の流入量のままだと、RCP8・5シナリオの場合、2060年ごろには東京湾の底層でアラゴナイト飽和度が1を下回るようになると予測される。しかし、もし富栄養化を解消できれば、その時期を2080年ごろに遅らせることができる」と説明する。

これらの研究が示すように、沿岸海域における海水の酸性度は、大気中の二酸化炭素濃度だけでなく、河川などから流入する栄養塩の量や、その場所の生物相などの条件によっても大きく左右される。

そして、沿岸海域では、流入する栄養塩の量をコントロールすることで、酸性化の進行をある程度、緩和できる可能性がある。栄養塩が少なすぎると海の豊かさが損なわれるという点には留意が必要だが、水質を改善してきれいな海を取り戻すためのさまざまな取り組みは、じつはそのまま、迫り来る海洋酸性化への対策にもなりうるといえるだろう。

＊

本章では、酸性化が進む「未来の海」の実像に、さまざまな実験結果や調査データをもとに迫ってきた。そこで浮き彫りになったのは、私たちが長年、食材として親しんできた貝類やウニなどの水産資源にも悪影響がおよぶ可能性があるということだ。

海の温暖化と酸性化が進む将来、日本の食文化を象徴する「寿司」の姿も変わってしまうかもしれない。未来のお寿司屋さんは果たして、どんな寿司ダネを提供してくれるのだろう？　次章では、その将来像を探ってみることにしよう。

第5章

どうなる？
未来のお寿司屋さん

——マグロやホタテ、アワビやノリも食べられなくなる！

5-1 「海のダイヤ」クロマグロの未来——卵と赤ちゃんが危ない

寿司ダネとして人気の高級魚、クロマグロ（*Thunnus orientalis*、**写真5-1A、B**）。その希少さと価格の高さから「海のダイヤ」の異名をもつ。大きなものは体長3m、体重400kgを超す。かつては太平洋と大西洋に同じ種が分布すると考えられていたが、現在は、大西洋や地中海のものはタイセイヨウクロマグロ（*Thunnus thynnus*）と呼び分けられている。

クロマグロは、温帯域を中心に幅広い海域に生息する。太平洋を東西に横断し、遠くは米国やメキシコの沖合まで大回遊するが、産卵時には、日本やその近海の限られた海域に戻ってくる。産卵場は日本海南西部などにもあるが、メインとなるのは南西諸島から台湾東方にかけての海域だ。

東京大学大学院新領域創成科学研究科・大気海洋研究所の木村伸吾教授らの研究によれば、地球温暖化がこのまま進むと、クロマグロは深刻な影響を受ける可能性がある。ポイントとなるのは、海水温の上昇と仔魚の生残率の関係だ。

孵化直後のクロマグロの仔魚をさまざまな温度条件で飼育し、生残率を調べた。その結果、クロマグロの仔魚の成育に適した水温は24～28℃の範囲に限られていることが判明した。60時間後の生残率で見ると、仔魚の成育に最も適した26℃の条件では70％程度の個体が生き残ったのに対し、それより3℃高い29℃の条件では、ほとんどの個体が死滅した（**図5－2**）。

木村さんは「クロマグロの仔魚が育つのに適した温度帯は意外に狭い。主要な産卵場である南

写真5-1A
遊泳中のクロマグロ
（葛西臨海水族園）

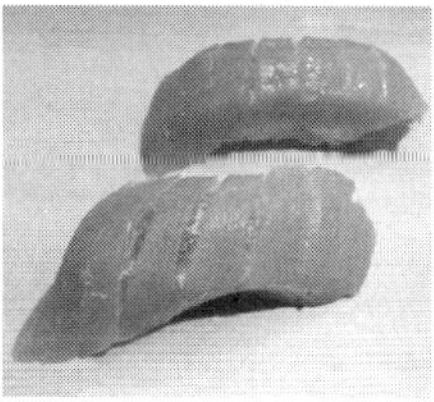

写真5-1B
クロマグロのにぎり寿司
（いずれも山本智之撮影）

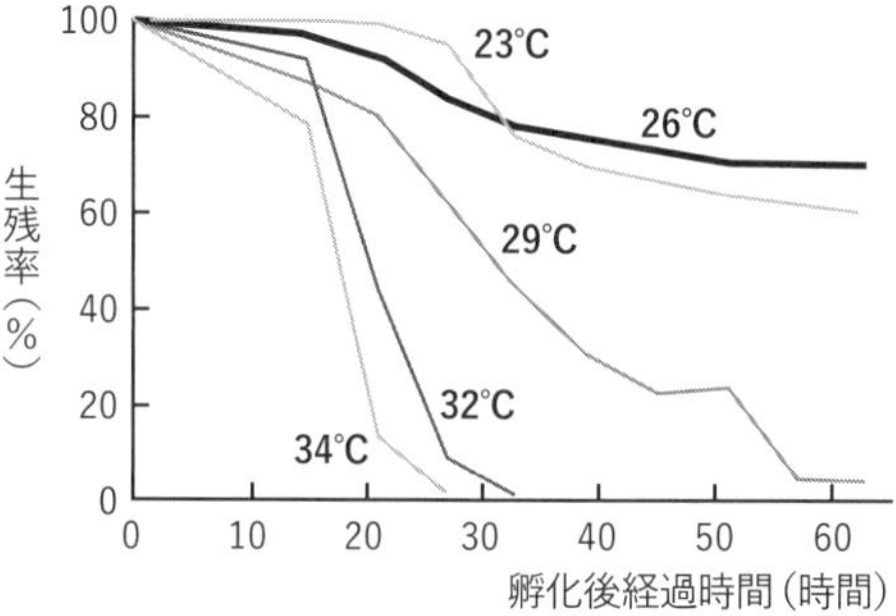

図5-2　クロマグロ仔魚の生残率と水温の関係（木村伸吾さん提供）

西諸島などの海域では、このまま温暖化が進むと、今世紀末には産卵期の海面水温が3℃ほど上昇する可能性がある。そうなると、たとえ親魚が産卵しても仔魚がほとんど成育できなくなり、資源量の減少につながる」と指摘する。

日本に到達できる個体は6割減

現在の産卵期は、南西諸島〜台湾東方沖では4〜7月、日本海では7〜8月とされている。それならば、たとえば南西諸島沖の場合、海水温が高くなる前の2〜3月へと産卵期をずらせば、仔魚の生残率は高まり、温暖化に適応できそうにも思える。しかし、「クロマグロを含む多くの魚種は、産卵する時期が日長時間の影響を受けると考えられている。水温上昇のペースに合わせて産卵時期を大きく前倒しすることは、実際には難しい」(木村さん)。

メインの産卵場である南西諸島〜台湾東方沖で生まれたクロマグロの仔魚は、黒潮に乗って北上し、西日本の太平洋岸などの「成育場」へと運ばれる。木村さんらの研究チームは、このような仔魚の輸送分散モデルに、高水温による生残率の変化のデータを組み合わせ、地球温暖化が将来、クロマグロにどのような影響を与えるのかを予測する研究をおこなった。

温室効果ガスの排出が高いレベルで続くA2シナリオに基づいて数値シミュレーションを実施したところ、2100年には、産卵場で生まれた個体が日本の沿岸に到達できる割合は、現在に比べて36％のレベルにまで落ち込むというショッキングな結果が出た。

２０００年代以降、日本海ではクロマグロの漁獲量に増加傾向が見られており、水温上昇にともなって産卵海域が北へシフトしつつある可能性が考えられる。しかし、木村さんらの研究によれば、海水温の上昇にともなって日本海で産卵する個体がさらに増加した場合でも、日本の沿岸域に到達できる個体の割合は、現在に比べ約50％にまで減少するという。

成魚のクロマグロは遊泳能力が高いため、深く潜ることで、水温の高い表層を避けることも可能だ。しかし、その卵は海の表層を漂う性質があり、仔魚はまだ深く潜ることができない。温暖化による海面水温の上昇は、卵や仔魚にダイレクトに影響を及ぼす可能性が高い。

「激減」クロマグロに追い打ちか

地球温暖化による資源量の減少が懸念されるクロマグロはそもそも、乱獲で数が減ってしまった魚の代表格でもある。北太平洋まぐろ類国際科学委員会（ＩＳＣ）によれば、２０１６年時点の太平洋におけるクロマグロの親魚資源量は約2・1万トン（**図5－3**）。漁業が始まる以前に存在していたと推定される親魚の「初期資源量」に比べ、わずか3・3％だ。

クロマグロは２０１４年、国際自然保護連合（ＩＵＣＮ）のレッドリストで「絶滅危惧Ⅱ類」に指定された。ＩＵＣＮは減少の要因について、「アジアに集中する寿司や刺身市場のための乱

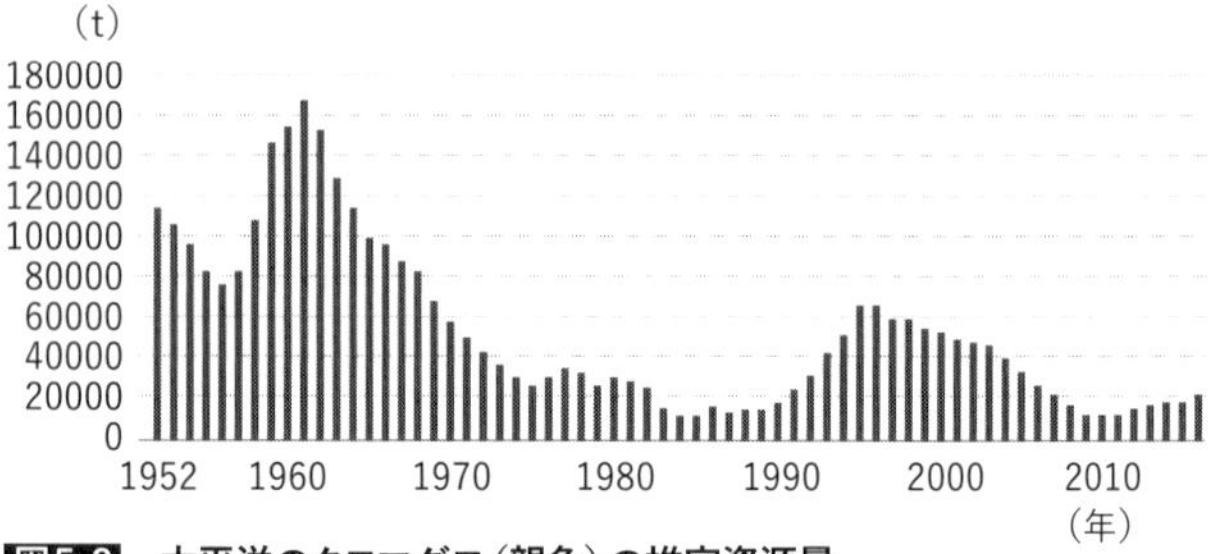

図5-3　太平洋のクロマグロ（親魚）の推定資源量
（北太平洋まぐろ類国際科学委員会による）

獲」を挙げ、「未成魚のうちにほとんどが漁獲されて繁殖の機会が奪われ、親魚の推定個体数は過去22年間で19～33％減少した」と指摘している。同年に開かれた国際会議では、太平洋のクロマグロについて国ごとの漁獲量が定められた。

クロマグロを飼育下で卵から親になるまで育て、ふたたび卵を産ませるサイクルを回す「完全養殖」については、近畿大学の研究チームが２００２年に世界で初めて成功し、現在は大手水産企業も参入するなど広がりを見せている。だが、「天然のクロマグロ」については、このまま温暖化が進んだ場合、その未来はかなり厳しいものとなりそうだ。

木村さんは「産卵前の親魚を巻き網で一網打尽にする漁法など、現時点では人為的な影響が大きい。しかし、将来は温暖化がクロマグロの減少に拍車をかけ、壊滅的な影響を与える可能性がある」と指摘する。「海のダイヤ」は、さらに希少なものになってしまうのだろうか。

5-2　ホタテガイに迫る危機――日本産が消滅する？

独特の甘みがあり、プリッとした食感の大きな貝柱――。ホタテガイ（*Mizuhopecten yessoensis*）もまた、寿司ダネとして根強い人気を誇る。殻ごと炭火にかけるバター焼きも格別だ（**写真5-4A〜C**）。

ホタテガイは、潮間帯下から水深約80mの砂地の海底に生息する。その動きは意外に敏捷《びんしょう》で、天敵のヒトデに襲われると海水を勢いよく噴射し、飛ぶように泳ぎ去る。ホタテガイの「外套膜」には、明暗を感じることができる約80個の目（眼点）があり、身を守るのに役立っている。外套膜とは、酒のつまみなどによく加工される、あのヒラヒラとした「ひも」のことだ。

全国一の水揚げ量を誇る北海道のホタテガイ漁業は、「地まき式」と「垂下式」に大別される。地まき式は、稚貝を海にまいて育て、2〜4年後に大きくなったものを桁網《けたあみ》とよばれる爪のある網を引いて漁獲する方式で、主としてオホーツク海側でおこなわれている。一方の垂下式は、稚貝をロープやかごを使って海中につるし、1〜2年育てて漁獲する方式で、北海道南部や日本海側でさかんだ。

写真5-4A
店頭に並ぶホタテガイ（札幌市）

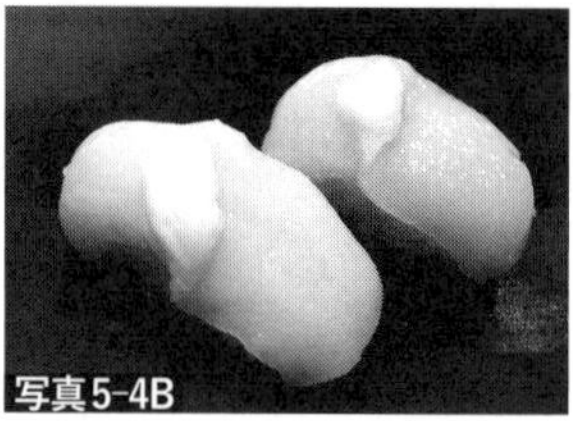

写真5-4B
ホタテガイのにぎり寿司（東京・築地）

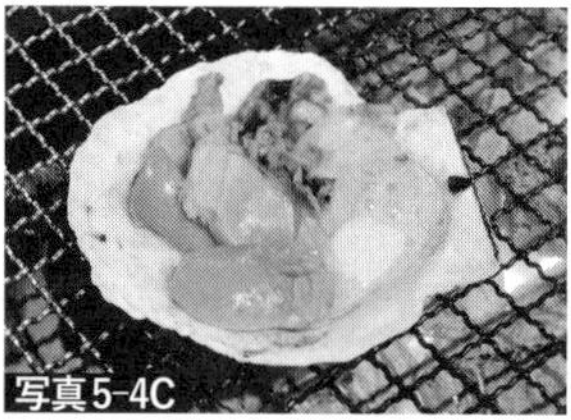

写真5-4C
ホタテガイのバター焼き（札幌市）
（いずれも山本智之撮影）

分岐点は23℃

ホタテガイは、高い水温が苦手な北方系の二枚貝だ。地球温暖化で海水温の上昇が進む将来、日本のホタテガイ漁業には大きな影響が出る可能性がある。

北海道大学の柴野良太研究員（現・東京大学大気海洋研究所研究員）、藤井賢彦准教授らの研究チームは、複数の気候モデルを用いて、沿岸の海表面水温とホタテガイの生息適地の変化についてシミュレーションをおこない、論文にまとめた。

ホタテガイの生育に適した水温帯は成貝が23℃まで、稚貝が20℃までとする研究報告があり、海水温が23℃以上になると稚貝の成長速度が著しく遅くなるという。温暖化にともなう海水温の上昇で特に問題となるのは、夏場の高水温だ。研究チームはホタテガイが将来、生育に不適な23℃以上の高水温にさらされる海域や時期を探った。

ＩＰＣＣの第５次評価報告書で示された気候変動予測シナリオのうち、温室効果ガスの排出量が少ない「ＲＣＰ２・６」の場合でも、北海道の日本海側では２０９０年代に「最暖月水温」（その年の最も水温が高い月の月平均水温）が１９９０年代より１・５８℃上昇して23・２℃になることが、シミュレーションによって示された。温室効果ガスの排出量が多い「ＲＣＰ８・５」の場合は、１９９０年代よりも５・２℃上昇し、26・９℃になるとの結果が出た。

現在も冷夏や猛暑の年があるように、将来も年によって、ホタテガイの生育に不適な高水温が発生しやすい年とそうでない年が出てくると考えられる。生育に不適な高水温の頻度は、北海道の日本海側では１９９０年代、10年あたりの平均で１・５１年だった。

しかし、１００年後の２０９０年代の予測値では、ＲＣＰ２・６の場合でも平均で５・６５年と、半分以上の年で不適な高水温が発生する。ＲＣＰ８・５では10年あたり平均で９・８０年と、ほぼ毎年、ホタテガイの養殖に不適な高水温の発生が見込まれる。

研究チームは、17種類の気候予測モデルのデータを使って最暖月水温の変化を算出し、水温23℃のラインを生息適地の南限とする予測マップを作成した（**図5‐5**）。地図上のラインの位置

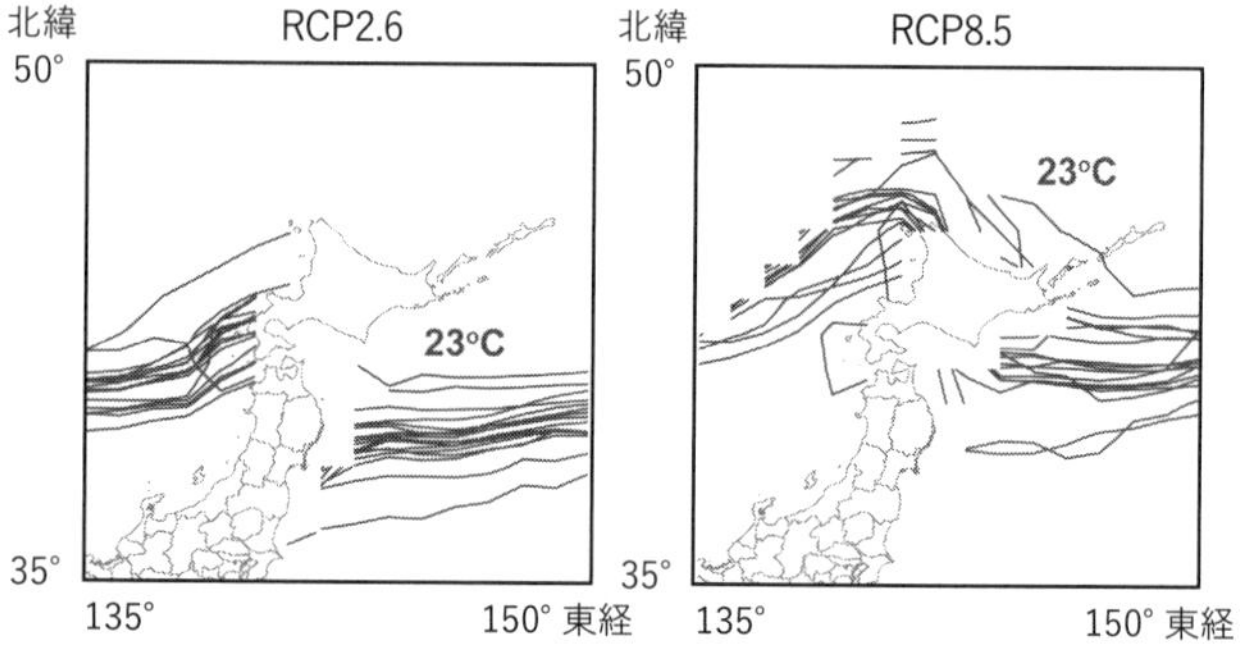

図5-5　ホタテガイの生息に適した海域の南限（23℃ライン）の将来予測
ラインが複数あるのは、それぞれの気候変動予測シナリオごとに、17の気候モデルで計算したため。全体的には、温室効果ガスの排出量が多いシナリオでは、海水温23℃のラインが北へシフトする傾向が見られる（2090〜2099年、柴野良太さんによる）

は、使用する気候予測モデルごとに異なるが、全体としては、温暖化で海水温の上昇が進むにつれて、ホタテガイの生息適地は現在よりも北上していくことが示された。

柴野さんは「どの気候モデルで計算するかにもよるが、高排出シナリオのRCP8・5の場合、北海道を含む国内全域で、ホタテガイの生息に適した海域がなくなってしまう可能性さえある」と指摘する。適応策としては、同じホタテガイでも高水温への耐性が高いタイプを選んで育てるなどの取り組みが今後、必要になるかもしれないという。

北海道の日本海側や南部の噴火湾などでおこなわれている垂下式のホタテガイ養殖では、海面下の比較的浅く、水温が高い場所を利用してホタテガイを育てている。水深20〜60mの海底に稚貝をまいて育てる地まき式に比べ、海面水温の上昇の影響をより受けやすいとみられる。藤井さんは「シミュレーションの結果からいえば、噴火湾を含む北海道南部は、２０９０年代には生息の適地ではなくなる可能性がある」と懸念する。

「温暖化」＋「酸性化」が、ホタテガイを追い詰める

海の温暖化が進む将来、ホタテガイはそのすみかをより高緯度の海に移すことになるかもしれない。だが、高い海水温から逃れるために高緯度の海域に「避難」すればすむかといえば、話はそう簡単ではない。冷たい海水ほど大気中の二酸化炭素が溶け込みやすいことなどが影響し、高緯度の海では、海洋酸性化の生物への影響がより早い時期に現れると予測されているからだ。

ホタテガイへの酸性化の影響を考える際には、炭酸カルシウムの殻のつくりやすさの指標のなかでも、「カルサイト飽和度」の値が重要になる。海の酸性化が進み、カルサイト飽和度が１・０に近づくにつれて、貝殻を十分に形成できなくなり、生息が難しくなるとみられる。北海道のオホーツク海側沿岸は、水温が低いという点では北海道南部に比べて有利な条件にある。しかし、酸性化について考慮したとき、ＲＣＰ８・５シナリオの場合は２１００年ごろにはカルサイト飽和度が１・５前後となり、ホタテガイの生息に適した環境でなくなるおそれがあるという。

サンゴと同様、ホタテガイについても、温暖化と酸性化の複合的な影響を考える必要があると

いえるだろう。

5-3 アワビはさらなる「高嶺の花」に

高級な寿司ダネになるアワビ（**写真5-6**）をめぐっては、「磯の鮑《あわび》の片思い」という有名な言葉がある。自分は相手のことを思い慕っているのに、相手にはその気がない——一方通行の恋を指す表現だ。岩に張りつくアワビの姿が、まるで「片方の貝殻を失った二枚貝」のように見えることに由来する。実際には、アワビは二枚貝ではなく巻貝だ。その証拠に、貝殻をよく見ると、小さいながらも渦巻き状に盛り上がった「螺塔《らとう》」という構造がある。

日本の海に生息し、水産上重要な大型アワビ類には、クロアワビ（*Haliotis discus discus*）やメガイアワビ（*Haliotis gigantea*）、マダカアワビ（*Haliotis madaka*、**写真5-7**）に加え、クロアワビの亜種で北の海に分布するエゾアワビ（*Haliotis discus hannai*）がある。国の統計によれば、全国のアワビ類（クロアワビ、エゾアワビ、マダカアワビ、メガイアワビの合計）の漁獲量は、1970年には6466トンにのぼった。しかし、その後は減少傾向が続き、2016年には1136トンと、ピーク時の5分の1以下にまで落ち込んでいる。

需要をまかなおうと、日本には近年、海外からさまざまなアワビ類が輸入されており、その量は年間2000トンを超える。韓国産の養殖エゾアワビのように、日本に分布するのと同じ種が輸入されるケースがある一方、チリ産のアカネアワビ（*Haliotis rufescens*）や南アフリカ産のミダノアワビ（*Haliotis midae*）のような外国種も流通している。

国内の漁場では、アワビ類の禁漁期間を設定したり、稚貝を放流する「種苗放流」をおこなったりと、各地で資源保護の取り組みが続けられているが、漁獲量は低迷したままだ。高いレベルで漁獲が続いたことや、海の環境変化がその原因として指摘されている。

海の環境については水質汚染の影響を指摘する研究もあるが、現在、特に大きな問題となっているのは、アワビ類のエサ場である「藻場《もば》」の衰退だ。

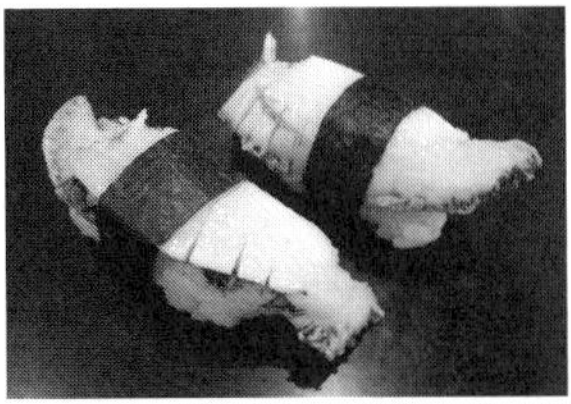

写真5-6
クロアワビのにぎり寿司

写真5-7
マダカアワビ　　（いずれも山本智之撮影）

アワビの運命を分ける水温は?

水産研究・教育機構西海区水産研究所の清本節夫・主任研究員によれば、九州地方では乱獲に加え、海水温の上昇にともなう藻場の衰退が、アワビの漁獲量を減らす要因となっている。九州地方~山口県の海域におけるアワビ類の漁獲量は近年、1970~90年代初頭のレベルと比べて平均で約60%も減っている。漁獲量の減少傾向に歯止めがかからない状況だ(**図5-8**)。

長崎市の沿岸ではかつて、アワビ類のエサとなる海藻であるクロメ(*Ecklonia cava* ssp. *kurome*)が豊かな海中林をつくっていた(**写真5-9**)。しかし、海水温の上昇にともない、ごく一部の小さな群落を除いて、ほとんど消失してしまった。クロメが生育する水温の上限は28℃とされるが、近年は夏場の表層水温が30℃を超える年もある。

海藻をエサにするアイゴ(*Siganus fuscescens*)やノトイスズミ(*Kyphosus bigibbus*)、ブダイ(*Calotomus japonicus*)などの魚は、海水温が高いと、晩秋になっても活発にエサを食べ続ける(**写真5-10**)。魚による食害も、クロメ群落の減少に拍車をかけた。クロメやその近縁種であるアラメ(*Eisenia bicyclis*)の海中林は、魚による食害を受けると、海底に硬い茎の部分だけが立ち並ぶ無残な状態になる(**写真5-11**)。

藻場の衰退がさらに進んで、いわゆる「磯焼け」の状態に陥ったとき、その持続要因として挙

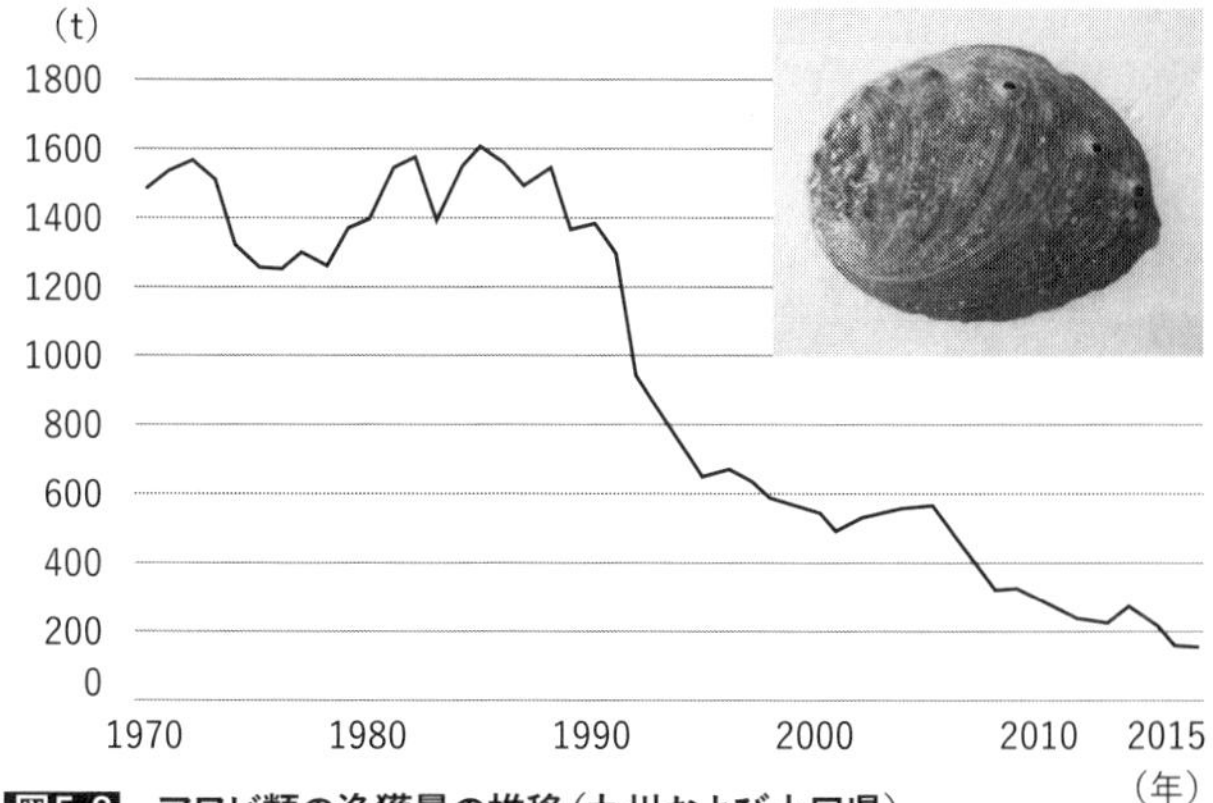

図5-8　アワビ類の漁獲量の推移（九州および山口県）
（水産研究・教育機構提供、農林水産省「漁業・養殖業生産統計」より）

げられるのがウニによる食害だ。清本さんによると、九州西岸域の場合、ムラサキウニ（*Heliocidaris crassispina*）やガンガゼ（*Diadema setosum*）、アラサキガンガゼ（*Diadema clarki*）などの密度が高いと、磯焼けが持続し、藻場が復活しにくくなる。さらに、これらのウニがエサの海藻を食べる量は、水温の上昇とともに増加する傾向にあることが、飼育実験で示されている。

水温が上昇して藻場が衰退すると、アワビが暮らすうえでは厳しい環境となる。だが、エサ環境の問題とは別に、高水温は、アワビの生理機能そのものにも直接、悪影響を及ぼす。

たとえばクロアワビの場合、食べたエサの量に対する成長量の割合が、水温が高くなると低下するとの研究結果がある。清本さんらがおこなった水槽での飼育実験では、クロアワビは水温が25℃を超える

写真5-9
かつては長崎市沿岸に豊富に生えていたクロメ（水産研究・教育機構提供）

写真5-10
海藻を食べるブダイ（山本智之撮影）

写真5-11
高水温と魚による食害で衰退したアラメの海中林（長崎県壱岐市、水産研究・教育機構提供）

写真5-12
南方系ホンダワラ類のキレバモク（水産研究・教育機構提供）

とエサを食べる量が減り、27℃ではほとんど成長しなくなることが確認された。

「四季藻場」と「春藻場」――生物を育む力が低下していく

高水温の影響で、もともと生えていたクロメなどの海藻が消えた九州地方の沿岸では、キレバモク（*Sargassum alternato-pinnatum*）などの「南方系ホンダワラ類」が進出しつつある（**写真5-12**）。かつては九州中南部が北限だったが、九州北部や山口県へと分布が北上した。海水温の上昇によって、サンゴだけでなく、南方系の海藻もまた、分布が北上しつつあるのだ。

水温の上昇にともなって、九州や四国の太平洋岸では、カジメ類やノコギリモクなど年間を通して大型の海藻が茂る「四季藻場」が減少した。一方で、南方系のホンダワラ類などで構成され、春から初夏にかけて数ヵ月しか茂みをつくらない「春藻場」が多くなっている。西海区水産研究所の吉村拓・資源生産部長は、「南方系ホンダワラ類は茂る期間が短い。以前の藻場に比べ、生物を育む力が劣ってしまう」と指摘する。

海水温の上昇による藻場の変質と衰退は、沿岸にすむ多くの生物種に影響を及ぼすことになるだろう。特にアワビ類については、乱獲などですっかり減ってしまった今の状況に追い打ちをかけることになりかねない。高級な寿司ダネの代表格は、さらなる高嶺《たかね》の花になりそうだ。

5-4 「だし文化」を支えるコンブの危機——海の「ゆりかご」が消えたら

和食の「だし文化」を支える重要な海藻・コンブ類——。ミツイシコンブ（*Saccharina angustata*）やナガコンブ（*Saccharina longissima*）、ガゴメコンブ（*Saccharina sculpera*）など、さまざまな種類がある。大きなものは長さが15mを超すナガコンブは、おでん用の「結び昆布」や「昆布巻き」、佃煮などによく使われる（246ページ、**写真5-13**）。ガゴメコンブは葉状部《ようじょう》に独特の凹凸模様があり、他のコンブ類とともに「おぼろ昆布」や「とろろ昆布」の原料となる。

高級コンブの代表格とされるのが、上品な風味のだしがとれるマコンブ（*Saccharina japonica* var. *japonica*、**写真5-14**）だ。リシリコンブ（*Saccharina japonica* var. *ochotensis*）やオニコンブ（*Saccharina japonica* var. *diabolica*）、ホソメコンブ（*Saccharina japonica* var. *religiosa*）は、分類上はいずれもマコンブの変種と位置づけられている。

農林水産省の2017年の統計によれば、国内で漁獲されるコンブは年間約4万5000トン。青森県や岩手県なども産地だが、全体の9割以上を北海道が占める。これとは別に、養殖ものコンブも約3万2000トンが収穫されているが、こちらも北海道が7割のシェアを誇る。

冷たい北の海で育つコンブは、暑さが苦手な海藻だ。このまま温暖化が進めば、日本の沿岸に分布するコンブのうち、いくつかの種類は将来、消滅してしまう可能性がある——。北海道大学北方生物圏フィールド科学センターの仲岡雅裕教授らの研究チームは２０１９年、そんな予測研究を論文発表した。

今世紀末に日本近海から消滅か

研究チームは、太平洋側は茨城県以北、日本海側は秋田県以北の沿岸を５㎞四方のグリッドに区切り、コンブ目の海藻11種を対象に、海水温の上昇にともなう分布変化についてコンピュータシミュレーションをおこなった。ＩＰＣＣの第５次評価報告書で示されたシナリオのうち、「ＲＣＰ４・５」（中位安定化シナリオ）の場合、ナガコンブやネコアシコンブ（*Arthrothamnus bifidus*）、トロロコンブ（*Saccharina gyrata*）、ガッガラコンブ（*Saccharina coriacea*）の４種が、日本の海からやがて消える可能性が高いと結論づけられた。高いレベルで温室効果ガスの排出が続く「ＲＣＰ８・５」の場合、海水温が上昇する影響で、ミツイシコンブなど計６種が、日本の沿岸から消滅する可能性があるという。

青森県では１９７０～80年代に比べてマコンブなどのコンブ類が減少し、ワカメ（*Undaria pinnatifida*）やツルアラメ（*Ecklonia cava* ssp. *stolonifera*）に置き換わる現象がすでに報告されており、海水温の上昇による影響が指摘されている。

写真5-13
ナガコンブでつくったおでん用の「結び昆布」（山本智之撮影）

写真5-14
マコンブ（山本智之撮影）

写真5-15
コンブ藻場。潮が引き、藻体の一部が海面上に出ている（仲岡雅裕さん提供）

コンブ類は食用の海藻として重要なだけでなく、亜寒帯の沿岸域に「コンブ藻場」（**写真5－15**）とよばれる茂みを形成し、さまざまな種類の魚類や貝類、甲殻類を育む「ゆりかご」としての役割も担っている。コンブ藻場の衰退は、沿岸の生物多様性の低下につながりかねない。

仲岡さんは、「養殖もののコンブについては、比較的高い水温で育つタイプもある。しかし、国産の天然コンブについては、徐々に分布域が減少し、最悪の場合、2100年ごろには日本の海から消えてしまう可能性がある。北日本の沿岸生態系と水産業を守るには、温暖化対策をいっそう進める必要がある」と指摘する。

コンブは冷たい北の海を中心に分布しているが、広い意味でコンブの仲間の海藻を指す「コンブ目」というグループには、比較的水温の高い海域に生育する温帯性のカジメ類なども含まれる。カジメ類もまた、沿岸に藻場を形成し、さまざまな魚介類を育んでいる。そして、海水温の上昇は将来、カジメ類にも大きな影響を与える可能性がある。その予測研究については、次節で詳しく紹介しよう。

5-5 変容するアワビやサザエのエサ場——瀬戸内海から消える海藻とは？

このまま温暖化が進めば、瀬戸内海に生えるカジメ類は将来、姿を消してしまう可能性が高い——。水産研究・教育機構や愛媛大学沿岸環境科学研究センターなどのグループが2018年、そう予測するシミュレーション結果をまとめた。

カジメ類の海藻は食用になるほか、5-3節で紹介したようにアワビやサザエなどの貝類のエサとしても重要だ。同機構瀬戸内海区水産研究所の島袋寛盛・主任研究員は、「温暖化の進行は、瀬戸内海に生える海藻の多様性を低下させてしまうだろう」と指摘している。

カジメ類は温帯性のコンブの仲間で、カジメ（*Ecklonia cava*）やクロメ、アラメなどの種類がある。瀬戸内海で特に多いのはクロメだ（**写真5-16**）。岩場の海底に「海中林」をつくり、魚や甲殻類などさまざまな生物のすみかになる。ただし、高い温度が苦手で、夏季に日平均水温が29℃以上の状態が6日以上連続すると、枯れてしまうことが実験で確認されている。

カジメ類の海中林を減少させるもう一つの要因は、水温上昇による魚の行動パターンの変化だ。カジメ類を食べるアイゴなどの魚はもともと瀬戸内海に多いが、冬に水温が15℃以下になると活動が抑制され、海藻をあまり食べなくなる。しかし、温暖化で冬の海水温が高まると長く活

写真5-16
クロメ

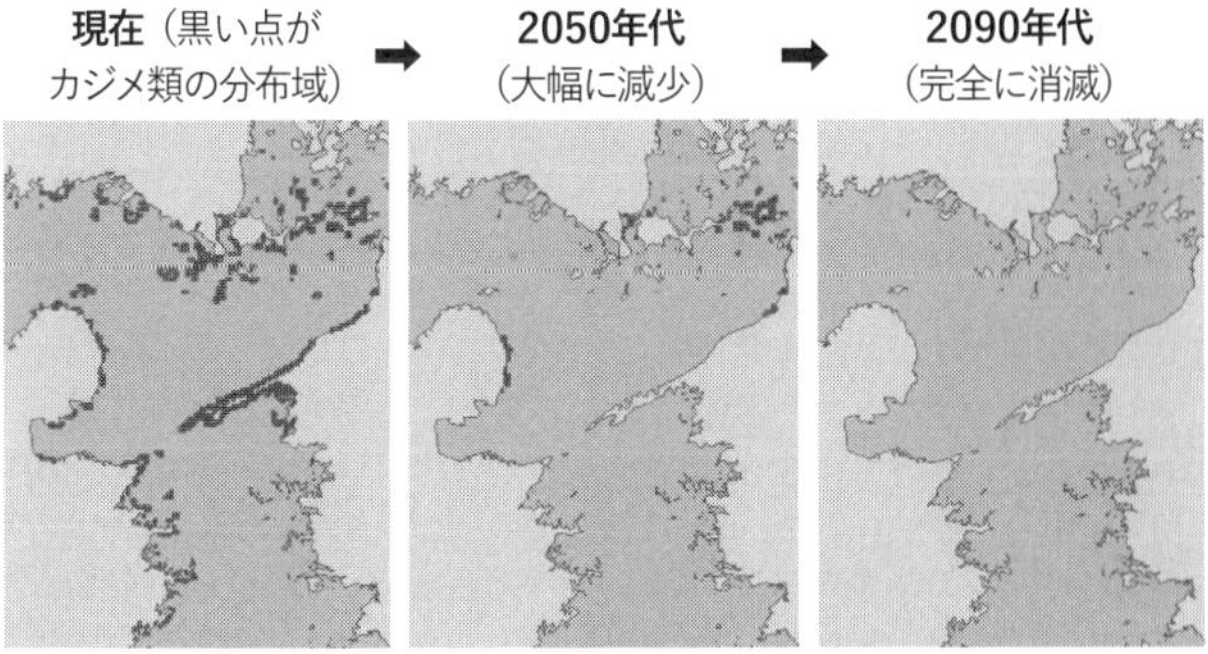

図5-17　**カジメ類の分布変化の将来予測**（瀬戸内海西部、RCP8.5シナリオ）
（いずれも水産研究・教育機構提供）

動してカジメ類を食べ続け、減少に拍車をかけてしまう。冬季に最低水温が15℃以下となる日が年間70日以上ないと、アイゴなどによる捕食圧が高まり、カジメ類の消失につながるという。

研究グループは、IPCCの第5次評価報告書で示された気候変動シナリオに沿って、瀬戸内海の夏季や冬季の水温変化をシミュレーションし、カジメ類の分布変化を予測した。その結果、温室効果ガスの排出が低く抑えられるRCP2・6の場合、カジメ類は減少するものの、将来も瀬戸内海に残ることがわかった。

一方、排出が高水準で続くRCP8・5では、2050年代には激減し、大分県や山口県、広島県、愛媛県の一部海域を除いて、ほぼ消滅することが判明した。2090年代には、瀬戸内海からカジメ類が完全に消滅するという衝撃的な結果となった（**図5－17**）。

夏の水温が高すぎると、光合成などの活動が低下し、藻体そのものが生理的なダメージを受ける。夏季の高水温による直接的なダメージと、冬季の水温の底上げによる魚による食害の深刻化――。この2つの条件が重なることで、瀬戸内海のカジメ類は全滅するというのだ。

瀬戸内海だけにとどまらない被害

大型海藻のカジメ類は温暖化が進む将来、瀬戸内海に限らず、それ以外の海域でも減少する可能性が高い。北海道大学と国立環境研究所のチームは、国内全域を対象としたコンピュータシミュレーションの結果を論文にまとめた。

分析対象は、本州から九州の沿岸に幅広く分布するカジメだ。硬い棒のような茎状部の先にヒラヒラとした葉状部があり、長さは1mを超える（**写真5－18**）。カジメはコンブ目の海藻だが暖海性で、海水が冷たすぎると育たない。一方で、夏季に水温が高すぎても枯死してしまう。

研究チームは、「冬季の最寒月の平均水温が10℃を下回る海域」と「夏季の最暖月の平均水温

写真5-18
カジメ（千葉大学銚子実験場の羽賀秀樹さん提供）

写真5-19
海中を泳ぐアイゴ（山本智之撮影）

が28℃を超える年が10年間で4回以上ある海域」をそれぞれ、カジメの生育に適さない水温条件として、日本近海の水温変化がカジメの分布に与える影響を計算した。

この研究では、海水温の上昇がカジメに与える直接的な影響に加えて、カジメを食害する代表的な魚類であるアイゴ（**写真5−19**）の摂食行動に水温変化が与える影響についても考慮し、予測をおこなった。温暖化が進んで海水温が底上げされると、アイゴの摂食行動が活発化したり、摂食期間が従来に比べてより長く続くようになったりすると考えられる。シミュレーションでは、冬の最寒月の水温が15℃より低くなるエリアを、カジメがアイゴに食べ尽くされずに残る可能性が高い海域と定義した。実際にカジメが分布できるかどうかは、黒潮などの海流の影響によっても左右されるが、水温条件からカジメの生育が可能な海域については生育適地とした。

海の森を守る新たな食文化

シミュレーション結果によれば、温室効果ガスの排出が高いレベルで続く「ＲＣＰ８・５」の場合、２０９０年代にはカジメが分布可能な水温エリアは三陸沖や北海道南部にまで北上する。

一方で、カジメが現在分布している海域については、海中林が消失する可能性が高いことがわかった。特に太平洋沿岸では、海水温の上昇によるカジメへの直接的な悪影響と、昇温によりアイゴの摂食行動が活発化して食害が深刻化することによる「ダブルパンチ」のダメージが大きく見られた。温室効果ガスの排出が低く抑えられる「ＲＣＰ２・６」では、カジメの海中林の縮小を相当程度、防止できる可能性があることも判明した。

両者の中間にあるシナリオのうち「ＲＣＰ４・５」では、海域によって明暗が分かれた（**図5-20**）。２０９０年代には、太平洋側の広い範囲と日本海側の一部などで高水温とアイゴの食害によるダブルパンチが発生し、カジメの生育は絶望的になる見込みだ。

新潟から山陰地方にかけての日本海側では冬場に水温が下がるため、アイゴによる食害は抑制されるものの、夏場の水温上昇によってカジメの生育に適さなくなると予測された。一方で、太平洋側の関東地方から中部地方にかけての海域では、カジメは夏場の水温上昇に耐えることができ、通年続くアイゴによる食害をどう抑えるかが課題になることが示された。

ＲＣＰ４・５は、今世紀末の世界平均気温の上昇（１９８６～２００５年比）を１・１～２・６℃とするシナリオだ。研究チームの高尾信太郎・北海道大学研究員（現・国立環境研究所研究員）は「関東から中部にかけての海域では、アイゴによる食害への対策を進めることで、カジメの海中林を保全できる可能性がある。アイゴを積極的に漁獲して流通させ、水産資源として活用する取り組みが考えられる」と指摘する。

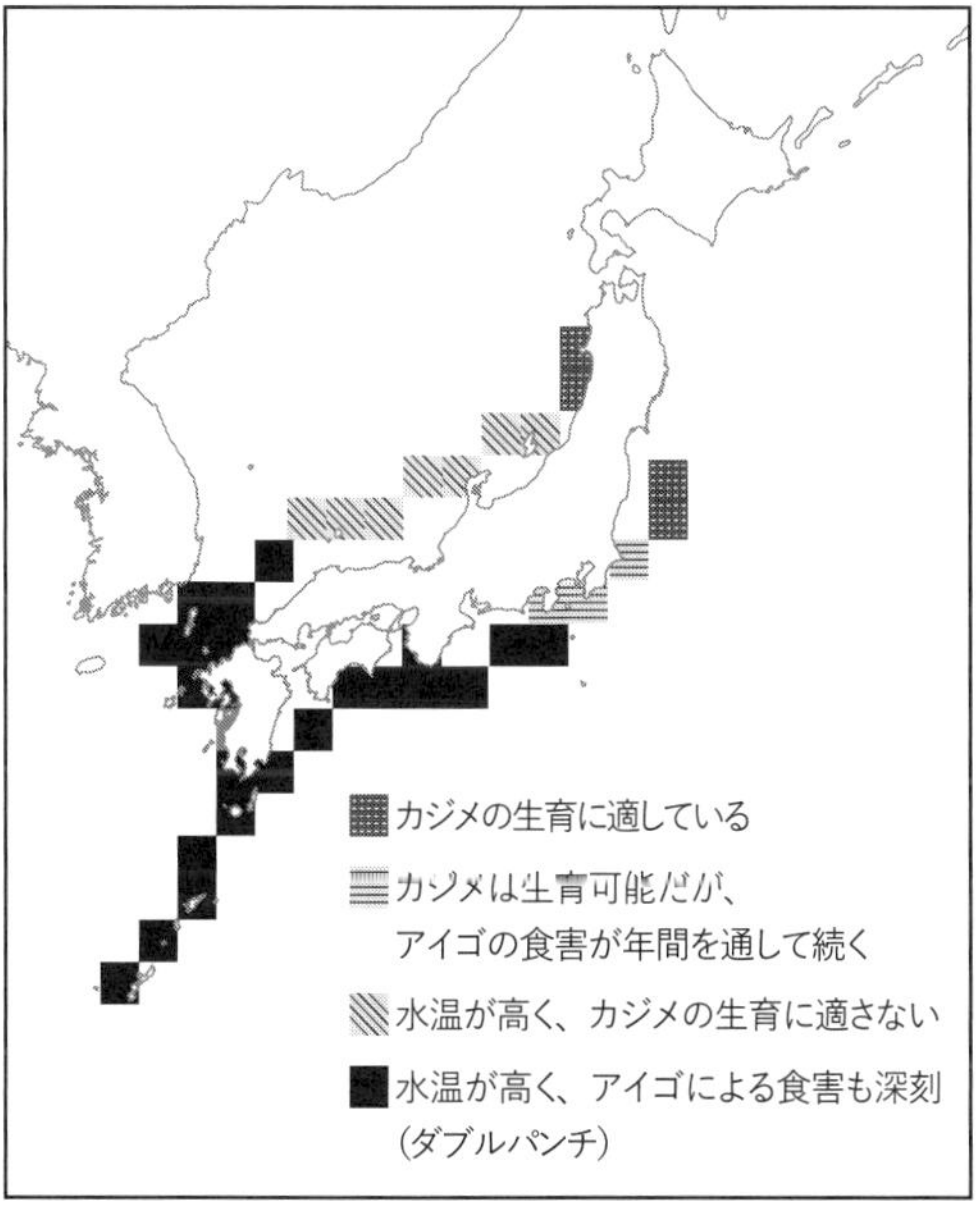

図5-20　温暖化が進む2090年代、カジメの生育適地は大幅に減ると予測されている　RCP4.5シナリオに基づくシミュレーション結果（Takao *et al.* 2015, *Ecology and Evolution*より）

　アイゴは、背ビレや胸ビレなどに鋭い毒棘があるため、扱いには注意が必要だ。日本国内でも地域によって、食用魚としての評価が大きく分かれ、「磯臭い魚」としてアイゴを敬遠する地域も多い。その一方で、食用に珍重する地域も存在する。

　たとえば徳島県では、煮魚や焼き魚にして食べるほか、一夜干しなどに加工されてお

写真5-21
アイゴの刺身

写真5-22
アイゴの「マース煮」(沖縄県・石垣島)
(いずれも山本智之撮影)

り、皿をなめてしまうほど美味《おい》しいという意味の「アイゴの皿ねぶり」という言葉もある。私も実際にアイゴを食べてみたが、鮮度の高いものは刺身にするとかなり美味だった（**写真5－21**）。アイゴは沖縄でも食材として利用され、塩味に煮つけた「マース煮」は、白身魚としての美味しさを実感できる一品だ（**写真5－22**）。

従来はアイゴを食べる習慣がなかった地域でも食材として採り入れ、普及させることができれば、海水温上昇で活発化するアイゴの脅威から、沿岸の藻場を守ることにつながる。それは、海の温暖化に対する適応策の一つとして位置づけられるだろう。

ライバル関係にあるサンゴと海藻

海水温の上昇にともなって藻場が減り、そこにサンゴが入り込むという現象も、すでに各地で報告されている。九州南部では、南方系のサンゴが北上する一方、食用になる海藻であるアントクメ（*Ecklonia radicosa*）が姿を消した事例が報告されている。

高知県では、カジメの海中林がクシハダミドリイシやスギノキミドリイシなどのサンゴに置き換わる現象も見られた。サンゴと海藻は、「十分な光の届く海底」という共通のすみかをめぐって、互いにライバルの関係にあるのだ。

サンゴの分布の北上と藻場の衰退――。本州から九州にかけて進行しつつある海洋生態系の「亜熱帯化」について、その全体像を俯瞰《ふかん》する論文が2018年に発表された。

国立環境研究所の熊谷直喜研究員らは、日本の温帯に分布する主要な海藻30種に加え、海藻を食害する魚種であるアイゴやブダイ、イスズミ類、そして、12種の造礁サンゴを対象に、計439件の論文や報告書のデータを収集し、過去数十年間に、これら生物の分布が日本各地の沿岸海域でどう変化してきたのかを網羅的に分析した。

かつて海藻が茂っていた海底が、どのようにしてサンゴ群集へと置き換わっていくのか――。そのメカニズムを解明するのが狙いだ。

1950年から2010年代までに起きた沿岸生態系の変化を解析したところ、同じ緯度の沿岸海域でも、暖流の影響を強く受ける場所のほうが、海藻からサンゴへの置き換わりが起きやすいことが確認された。黒潮に近い紀伊半島南部や四国南部、対馬暖流の影響を強く受ける五島列島や対馬などが挙げられる。

海藻藻場からサンゴ群集への移行メカニズムに関する解析では、海藻藻場にサンゴが入り込んで増加する「直接的な競合」よりも、魚の食害を受けて海藻藻場が減少し、そこへサンゴが入り込んで増える「間接的な移行」のほうが高い確率で起きることも明らかになった。

サンゴと海藻では子孫を分散させる能力に差異があるため、海水温の上昇にともなってサンゴが着実に分布を北上させているのに対し、海藻は気候の変化にうまく適応できないことが多く、分布が縮小しやすい傾向があると研究チームはみている。

5-6 「アワビの危機」再考——温暖化と酸性化のはざまで

温暖化で海水温がさらに上昇すれば、国内各地で藻場が衰退していくことが、複数の予測研究によって示されている。藻場の衰退はアワビにとって、エサ環境の悪化に直結する。それは、寿司や刺身など食用になり、おもに三陸地方や北海道などの冷たい海に生息するエゾアワビ（**写真5－23、24**）にとっても同様だ。

水産研究・教育機構東北区水産研究所の高見秀輝グループ長によると、エゾアワビの稚貝は、初期の段階では石灰藻類に付着している珪藻などの微細藻類を食べて暮らし、成長にともなってワカメやアラメ、コンブ類などの大型海藻を食べるようになる。稚貝は、生まれた年の12月までに2～8㎜に成長し、殻長が5㎝ほどになると性成熟する。

写真5-23
エゾアワビ

写真5-24
エゾアワビの軍艦巻き（東京・築地の寿司店）　　（いずれも山本智之撮影）

漁獲対象となるのは殻長9㎝以上で、そこまで育つのに4～5年を要する。

三陸沿岸で続いた低水温

5－3節で詳述したように、日本のアワビ類は、全体的に漁獲量の減少が目立つ。高齢化や後継者不足などでアワビをとる漁業者が減っていることもあるが、最大の要因とされるのが、ア

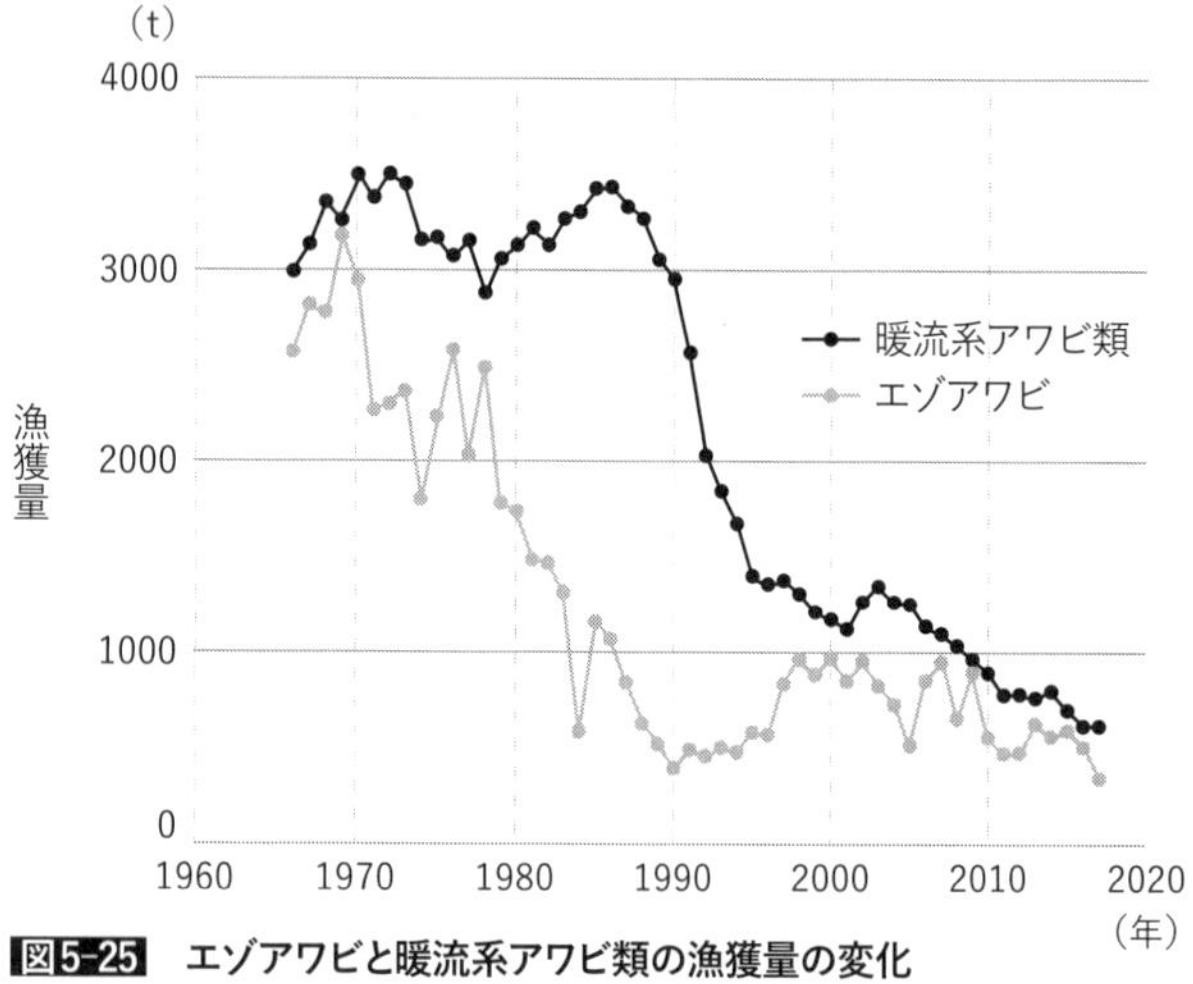

図5-25　エゾアワビと暖流系アワビ類の漁獲量の変化
(水産研究・教育機構による)

ワビ類の資源量そのものの減少だ。
暖流系アワビ類（クロアワビ、メガイアワビ、マダカアワビ）については、乱獲に加え、近年の海水温上昇にともなう藻場の衰退が要因となっていることは、前述したとおりだ。

北の海に分布するエゾアワビの漁獲量も、以前に比べて激減している。高見さんによれば、1970年には約3000トンのエゾアワビがとれたが、1990年代前半にかけて大きく減少した。その後、一時的に回復して1000トン近くになったものの、近年は500トン前後とふたたび低迷している（**図5-25**）。

漁獲のしすぎが長年続いたことがおもな理由と考えられているが、ほかの要因も指摘されている。近年の研究で、エゾアワビの資源量は、長期的な海洋環境の変動によっても大きな影響を受けることがわかってきた。

アリューシャン低気圧の勢力が強いと、冷たい海流である「親潮」の南下傾向が強まり、三陸沿岸で冬季の海水温が低下する。こうした年が続くと、エゾアワビの稚貝の生残率が低下するのだという。エゾアワビの漁獲量が激減した理由について、高見さんは「三陸沿岸で低水温の年が続き、稚貝が少なくなっていた状況のなかで、従来どおりに漁獲を続けた結果、資源量の低迷につながった」と分析する。

「生後初めての低水温」が運命を左右する

エゾアワビの稚貝がどのくらい生き残れるかは、生まれて初めて経験する低水温がどのくらい厳しいかによって、大きく左右される。つまり、温暖化が進んで今後さらに海水温が上昇すれば、エゾアワビの稚貝が生き残るうえで、有利な環境変化になると考えられる。

ところが、話はそう単純ではない。エゾアワビの親貝にとって海水温の上昇は、重要なエサであるコンブ類が減ることを意味するからだ。高見さんは、「温暖化が進むと、エゾアワビの親貝にとってはより過酷な環境となり、漁獲量の減少につながるだろう」と指摘する。

温暖化によるエサ不足に加え、エゾアワビにとってもう一つ、大きな「落とし穴」となりそうなのが、海の酸性化だ。酸性化が進むと、貝類は炭酸カルシウムの殻をつくりにくくなる。海の酸性化による生物への影響は、高緯度の冷たい海域でより早く現れると予測されている。エゾアワビは冷たい北の海に分布するため、海の酸性化による被害を比較的早い時期に受ける可能性がある。懸念されるのは、親貝よりも酸性化への耐性が低い殻をもつ稚貝への影響だ。

高見さんは、エゾアワビの稚貝を使ったこれまでの飼育実験で、二酸化炭素濃度が500ppmまでの条件であれば稚貝は正常に育つが、1000ppm前後になると、貝殻に凹凸が生じたり、穴があいたりすることを確認している（**写真5－26A、B**）。

実験結果は、海の酸性化が進む将来、稚貝の殻の形成不全が多発する可能性を示すものだ。正常な殻を形成できなかった稚貝は、外敵に襲われたり細菌に感染したりするリスクが高まり、無事に成長するのは難しいと考えられている。

pHの「日周変動」を考える必要性

海の酸性化がエゾアワビに与える影響について、高見さんらがこれまでにおこなった実験は、海水のpHを一定のレベルに保ち、稚貝を1ヵ月程度飼育するというものだった。しかし、エゾアワビが暮らす実際の沿岸の岩礁域では、海藻が光合成をする日中は海水のpHが高く、夜間は逆に低くなる（221ページ参照）。海藻が多く茂る沿岸海域では、その変動幅が非常に大きくなること

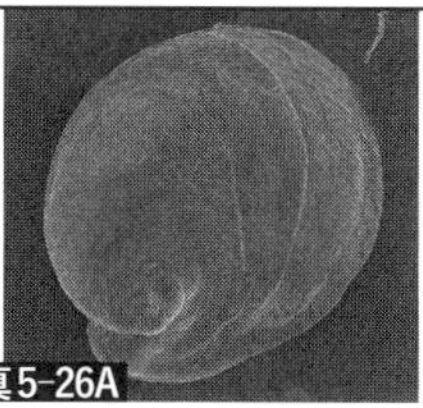
写真5-26A
健康なエゾアワビの稚貝の電子顕微鏡写真。直径は約2mm

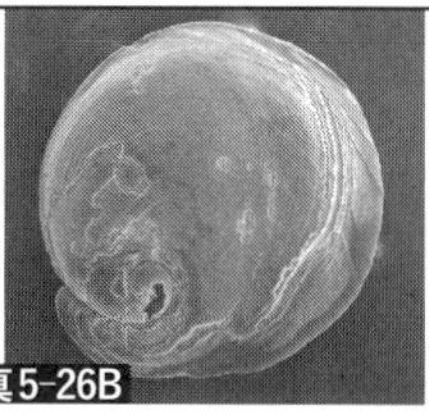
写真5-26B
低pHの海水で飼育すると、貝殻の表面に凹凸や穴ができた

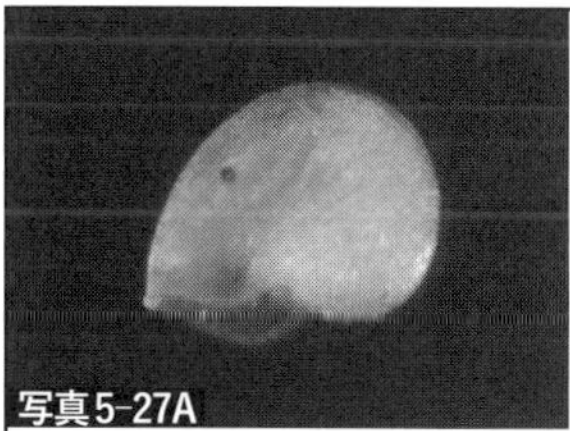
写真5-27A
正常なエゾアワビのベリジャー幼生

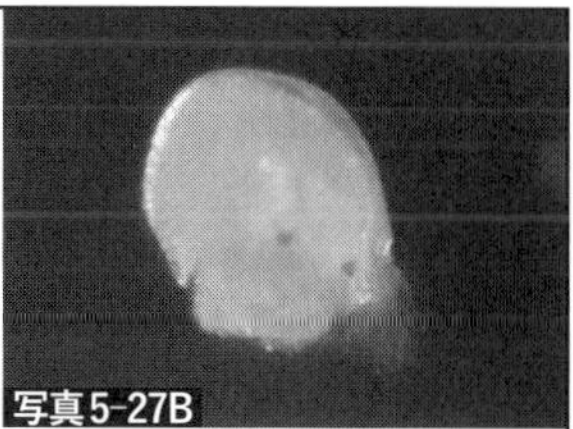
写真5-27B
殻の形成不全を起こしたエゾアワビのベリジャー幼生

（いずれも水産研究・教育機構提供）

が調査で確認されている。

そこで、沿岸海域で起こるpHの「日周変動」を考慮し、エゾアワビの幼生を使って新たな実験をおこなった。沿岸域で起こる日周変動を再現する二酸化炭素供給装置を使用し、コンピュータ制御で海水のpHを厳密にコントロールして影響を調べた。

エゾアワビの幼生は、二酸化炭素濃度が1000ppmほどの条件下で、殻の形に異常が見られるようになる（**写真5－27A、B**）。殻がうまく育たないと、幼生の軟体部は殻の外に露出したままの状態になる。こうした幼生は、敵に襲われても殻の中に体を隠すことができず、死亡率も高くなる。実験では、pHの低い海水に長くさらされた幼生ほど、殻の形成異常の割合が高まることがあらためて確認された。

注目すべきは、大気中の二酸化炭素濃度が８００ppmに相当するレベルだとしても、これに日周変動を加味すると、１日あたりに約４時間、約１１００ppmに相当する低pHの時間帯が夜間に現れ、幼生が殻を正常につくれないケースが出てくるという点だ。

「海の酸性化でエゾアワビに悪影響が出る二酸化炭素濃度は従来、日平均値で１０００ppm前後だろうと考えられていた。しかし、日周変動の要素を加味して考えると、もっと低い値、つまり、これまで考えられていたよりも早い時期に影響が出はじめる可能性がある」と高見さんは話す。

未来の寿司屋で交わされる会話は……

海の酸性化が進行した将来の状況を考えるとき、エゾアワビを対象とした漁業には、どんな「適応策」のオプションがあるのだろうか。

エゾアワビが酸性化に対して脆弱なのは、幼生から稚貝にかけての時期だ。この期間だけ人工的にpHを調整した海水を使って陸上水槽で飼育し、ある程度成長して丈夫な殻ができた段階で海へ戻す、といった手法が考えられる。酸性化に弱い幼生や稚貝を、人工環境に「一時避難」させる対処法だ。

高見さんはしかし、「エゾアワビの資源は、自然界で親貝が大量に産卵することによって維持されている。人工的に育てられる稚貝の数には限りがあり、適応策で守れるエゾアワビの量は、現在の漁獲量の20～30％にとどまるのではないか」と語る。

2×××年、東京・築地の寿司店では、こんな会話がやり取りされているかもしれない――。

「お客さん、今日は久しぶりに、東北地方で獲れたアワビがありますよ」

「へぇー、珍しいなあ。じゃあ、にぎりでいただきます。最近は、なかなかお目にかかれないネタですよね」

「市場には流通してるんですがねえ。昔に比べてすっかり値段が高くなっちゃって……、なかなか手が出せないんですよ」

「やっぱり、いま問題になっている、海の酸性化とやらの影響ですか」

「そのようですね。近ごろは、アワビの赤ちゃんをいったん陸上の水槽で飼わないと、海の中でうまく育たないっていうんだから……。数が減ったうえに、育てるのに余計な手間もかかるとなれば、そりゃあ値も張りますよ。これも、ご時世ですかねえ……」

5-7 イセエビが減っていく意外な理由

寿司ダネの高級品であるアワビに着目すると、将来に向けた海洋酸性化の進行、そして、国内各地ですでに報告されている藻場の衰退の問題が浮かび上がってくる。アワビのエサは海藻なので、藻場の衰退にともなってその数が減るという図式は理解しやすい。

ところが、同じく高級水産物だが、海藻を食べて暮らしているわけではないイセエビ(*Panulirus japonicus*)もまた、藻場の衰退によってその生息を脅かされるという。いったい、どういうことなのか。その謎に迫る前に、まずはイセエビの基本的な生態について見ておこう。

大海原を旅する幼生期

イセエビは岩礁域に生息し、大きなものは体長が40㎝近くに達する。夜行性で、日中は岩陰の暗がりなどにひそんでいる(**写真5-28**)。国内での主要な分布域は、千葉県から鹿児島県にかけての太平洋岸と、長崎県以南の東シナ海沿岸だ。

産卵期は5~8月で、メスは腹部に卵を1ヵ月ほど抱える。幼生は孵化すると海中に泳ぎ出るが、生まれた直後の体長は約2㎜ほど。幼生はまるで透明なクモのような外見をしており、「フィロソーマ」とよばれる（**写真5－29A、B**）。

イセエビの幼生は、海中で約1年にわたる浮遊生活を送る。甲殻類の幼生としての浮遊期間は、クルマエビ（*Marsupenaeus japonicus*）が2～4週間、ガザミ（*Portunus trituberculatus*）は2～3週間とされるので、イセエビの幼生としての期間はきわめて長い。

写真5-28
海中の岩陰にひそむイセエビ（山本智之撮影）

幼生は生後3ヵ月ほどを、沿岸の海域で暮らす。ところがその後、どこへともなく姿を消す。

その行き先は長年の謎だったが、近年の研究で、日本の沿岸を遠く離れ、太平洋のはるか沖合へ旅するという、意外な生態が明らかになった。水産研究・教育機構西海区水産研究所の吉村拓・資源生産部長によると、本州から約2000㎞も離れた北緯30度・東経160度の沖合でも、水産庁の旧漁業調査船「照洋丸」のプランクトンネットによって、イセエビのフィロソーマ幼生が捕獲されている。

大海原を旅して成長した幼生はその後、「プエルルス」に姿を変える。プエルルスは体長2㎝ほどの幼生と稚エビの中間段階で、親とほぼ同じ形をしているものの、その体はガラス細工のように透明だ（**写真5－30**）。

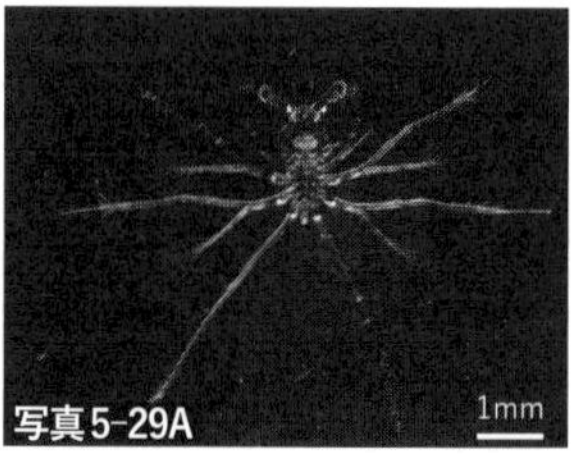

孵化してまもないイセエビのフィロソーマ幼生

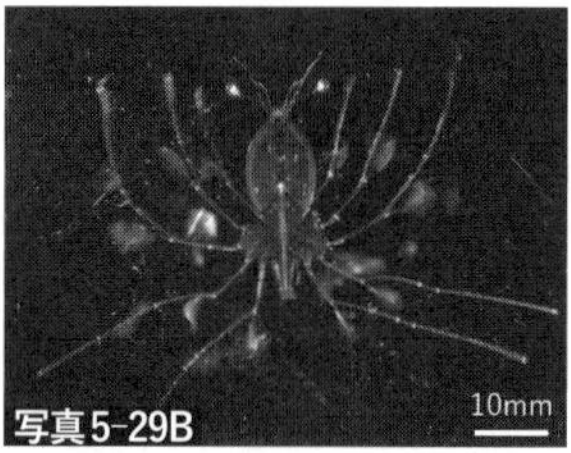

成長したフィロソーマ幼生

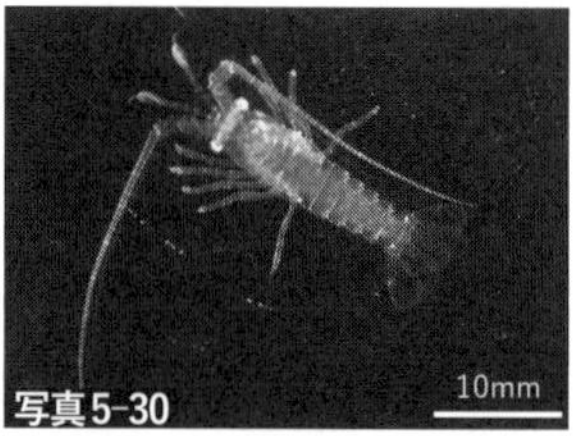

稚エビになる前の段階の「プエルルス」

イセエビの稚エビ

イセエビの親エビ
（いずれも水産研究・教育機構提供）

海中を泳ぐプエルルスは、着底後の生活場所である沿岸域へとやって来る。海底を歩く生活に移行して1週間ほどで脱皮し、褐色の稚エビ（**写真5－31**）になる。稚エビは何度も脱皮を繰り返して大きくなり、ようやく親エビ（**写真5－32**）へと成長するのだ。

　イセエビは夜行性だが、稚エビも同様で、日中は海藻に覆われた岩の小穴に身を隠している。夜になると穴から出て、海藻の上にいる小型の貝類や多毛類、有孔虫類、甲殻類などを食べて大きくなる。海底での暮らしを始めてから少なくとも1年ほどのあいだ、藻場はイセエビの子どもたちにとっての成育場となる。

藻場が消えればイセエビも減る

静岡県の伊豆半島では昔から、磯焼けが起きて沿岸の藻場が消えると、アワビやサザエだけでなく、イセエビの漁獲量も減ることが経験的に知られていた。アワビやサザエは海藻を食べる生物なので、藻場が減るとエサ不足になり、漁獲減につながるのはすぐわかる。しかし、海藻を食べないイセエビがなぜ磯焼けで減るのかは謎だった。研究が進み、大型海藻を含む沿岸の藻場が、イセエビの稚エビが暮らすうえで不可欠な場所であることが明らかになっていった。

プエルルスはエサを食べない。生き続けられるタイムリミットは約2週間で、その限られた期間内に沿岸の藻場にたどり着けないと、死んでしまうと考えられる。実際、もともとイセエビが生息していた沿岸海域であっても、磯焼けなどで藻場が失われると、プエルルスの姿はほとんど見られなくなってしまう。吉村さんが水槽を使った飼育実験をしたところ、プエルルスは、むき出しの岩やコンクリートといった硬い物の上には着底しないことが確認された。プエルルスは海藻にしがみつくことで、大海原を漂う流浪の生活に、やっと区切りをつけることができるのだ。

これが、「海藻を食べないイセエビが、藻場の衰退でなぜ減るのか」という謎の答えである。

イセエビの親エビは、エサの底生生物を捕ることができれば、海藻が生えていない場所でも生きることはできる。しかし、大海原での長旅を終えた体長約2㎝のプエルルスが、沿岸での生活に移行するには、藻場が存在することが必須なのだ。海藻の茂みは、稚エビが夜間にエサを探す場所であると同時に、外敵から身を隠すための隠れ家でもある。

西日本のイセエビは温暖化でピンチに？

プエルルスから稚エビまでという、生活史のなかでも限られた期間ではあるが、イセエビにとって藻場はなくてはならない存在だ。そして、藻場が減った場所では、稚エビやプエルルスの生息密度も激減することが、調査で確認されている。

多年生海藻で構成される藻場のなかでも、海藻が一年中茂るタイプを四季藻場、春を中心とした半年弱だけ茂るタイプを春藻場とよぶことはすでに紹介したとおりだ。九州地方では近年、四季藻場が減少して磯焼けが起こる一方で、春藻場が出現するケースも目立つようになった。

イセエビのプエルルスは毎年、5月から11月にかけて沿岸の藻場にやって来る。そこに従来のような四季藻場があれば、プエルルスの受け皿として十分に機能するが、春藻場の場合は、秋以降に海藻の茂みが消えてしまい、プエルルスが着底できない。藻場の喪失はもとより、近年目立

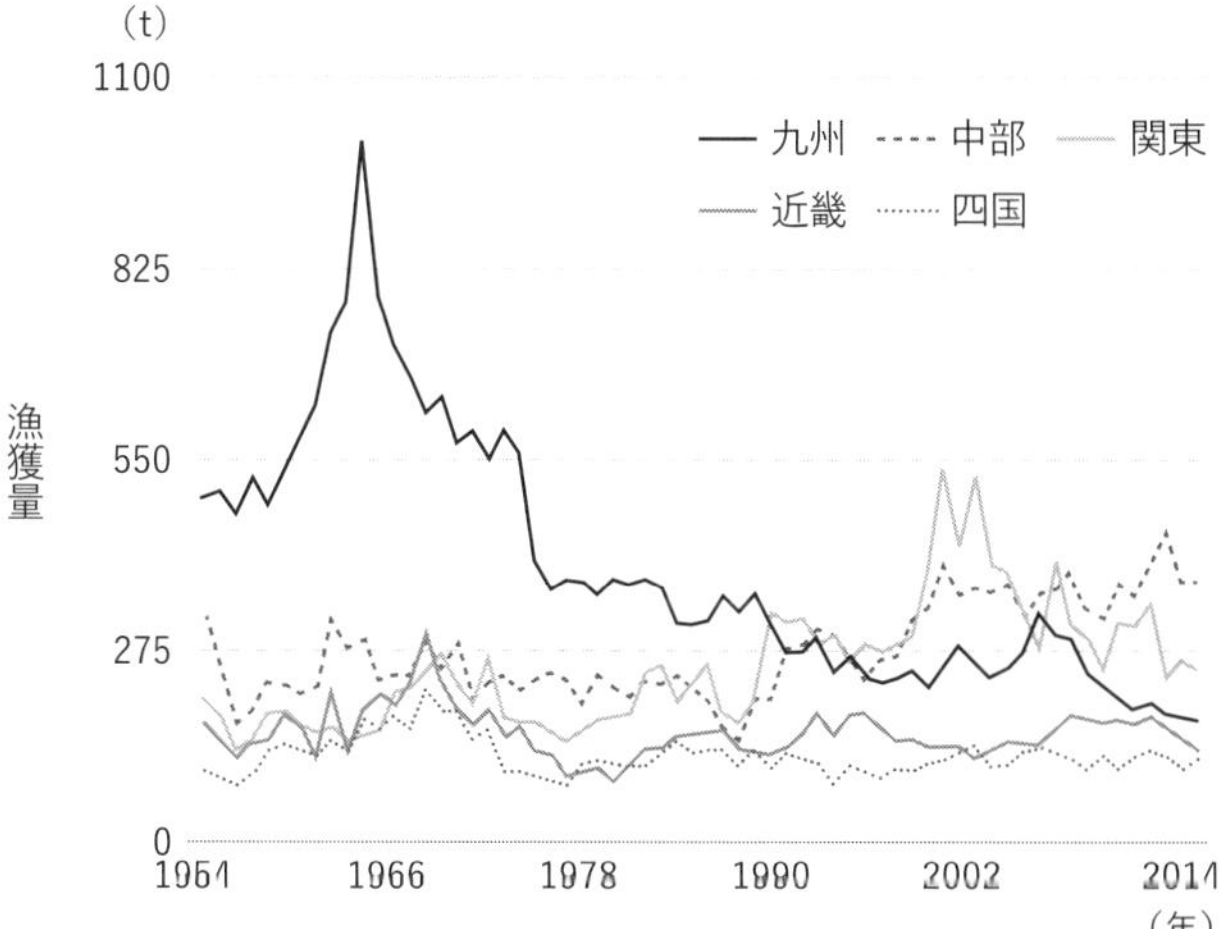

図5-33　イセエビの地域別漁獲量　九州での減少が目立つ
（水産庁、水産研究・教育機構提供）

つようになった春藻場もまた、イセエビの子どもたちには厳しい環境なのだ。

近年の漁獲統計によると、都道府県別でイセエビの漁獲量が多いのは三重県や千葉県などだが、1960年代後半には、国内で漁獲されるイセエビの40～50％を九州産が占めていた。現在、九州でのイセエビの漁獲量は、全体の2割にも満たないレベルに落ち込み、減少傾向が目立つ（**図5－33**）。

その一因と考えられるのが、海水温の上昇だ。九州でこれほどイセエビが減った原因としては、過去の乱獲による影響が大きいと考えられているが、近年は高水温を背景とする藻場の衰退が、漁獲量の減少に拍車をかけている。海水温の上昇によって西日本を中心とした沿岸域で藻場の喪失がさらに進めば、せっかく沖合からプエルルスがやって来ても、海底での暮らしに移行するのが難しくなるだろう。

イセエビの漁獲量の長期的な低下傾向は、高知県でも報告されている。吉村さんは「温暖化で今後さらに海水温が上昇すると、九州や四国で藻場の衰退が進み、それにともなってイセエビがさらに減る可能性がある」と指摘する。

大海原を大旅行するイセエビの子どもたちのために「帰ってくる場所」を確保する必要がある。

5-8 未来の寿司ダネ――思わず二度見してしまう「寿司桶の中身」とは?

クロマグロ、ホタテガイ、アワビ、そしてウニ――。海の温暖化や酸性化が進行していくと、私たちは将来、寿司ダネとして長年親しんできたさまざまな魚介類を、今までのようには食べられなくなる可能性がある。「未来の寿司」は、いったいどうなってしまうのか。

北海道大学の藤井賢彦准教授は、札幌市内の寿司店で握ってもらった一人前の寿司を例に、「最悪のシナリオ」を描いてみた。

寿司桶の中には、イクラ、ウニ、マアナゴ、ウバガイ（通称ホッキガイ）、エゾアワビ、トヤ

写真5-34A
北海道のにぎり寿司の一例

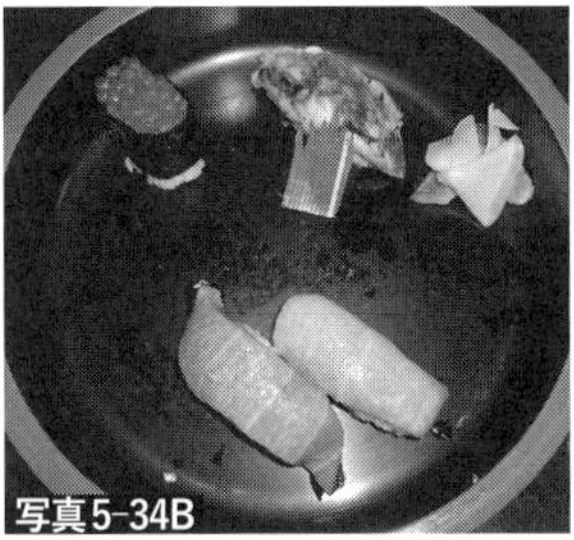

写真5-34B
酸性化の影響を受ける寿司ダネを取り除いた寿司桶の中身
（いずれも藤井賢彦さん提供）

マエビ（通称ボタンエビ）、ホタテガイなど計9種のにぎり寿司が並ぶ。北の海の幸を中心とした、なかなか豪華な寿司だ（写真5-34A）。この中から一貫ずつ、海洋酸性化が進む将来に悪影響を受ける可能性があるものを、取り除いていく。

酸性化が進む「未来の海」では、炭酸カルシウムの貝殻をもつアワビやウバガイ、ホタテガイに悪影響が出る可能性がある。ホタテガイについては、温暖化による海水温上昇の影響も懸念される。ウニに関しても、酸性化による悪影響が幼生の段階から生じることは、4-5節で紹介したとおりだ。酸性化の進行はさらに、甲殻類のエビやカニにも悪影響を与えるかもしれない――。

こうして一貫ずつ桶から出していくと、残ったのはイクラの軍艦巻きとマアナゴ、マグロの3種類に……。寿司桶の中身は、ずいぶんと寂しくなった（写真5-34B）。

残った寿司ダネについても、安泰とはいえない。たとえば、イクラの軍艦巻きだ。３－５節で触れたように、温暖化の進行によって海水温がさらに上昇すると、日本のサケは回遊経路を断たれる可能性がある。その結果、未来の社会においては、サケの卵であるイクラも、国産のものは手に入りにくくなるかもしれない。

マグロのなかでも高級品のクロマグロについては、本章の冒頭で紹介したように、温暖化が進むと個体数が減るという予測研究がある。

「消える寿司ダネ」をどう守るか

将来、寿司桶の中身が実際にどう変わるかは、不確定要素が大きい。

海洋酸性化で悪影響を受ける貝などの水産物については、対策としての陸上養殖技術などが発展し、市場への供給を続けられる可能性もある。海水温の上昇にともなって漁獲量が減ってしまった水産物については、より高緯度の国から輸入するといった方策も考えられる。

そもそも、海の環境変化に対する生物の応答について、現時点では未解明な部分も多い。たとえばエビなどの甲殻類は、酸性化が進むと成長が抑制されるものがいる一方で、種類によっては、酸性化によってむしろ成長が促進されたという報告もある。

つまり、寿司ダネの未来像は「将来必ずこうなる」というものではない。しかし、藤井さんは「貝類やウニについては、酸性化で生活史の初期段階に大きな影響が出ることがすでに実験で確認されている。『寿司ダネが消えていく』というのは極端なたとえだと思う人もいるかもしれないが、現実化する可能性は十分にある」と警鐘を鳴らす。

藤井さんは2018年、将来の海洋酸性化が日本近海の漁業や養殖業、観光業に与える影響について試算を発表した。生物への影響に関する研究結果と、気候モデルによるシミュレーション結果を組み合わせて分析をおこなったものだ。

サンゴ礁域については、温暖化と酸性化の複合影響について予測をおこなった。温室効果ガスが高いレベルで排出され続けるA2シナリオによる将来予測に沿って計算すると、日本近海のサンゴ礁では、温暖化と酸性化の両方の要因により、ダイビング産業などを含む観光業だけで今世紀末までに6兆7000億円程度の経済損失（積算値）が見込まれる。

藤井さんはまた、日本近海すべてを対象に、海洋酸性化が貝類などの石灰化生物に及ぼす影響についても推計した。今世紀末までの積算値で、海面漁業で3000億～1兆2000億円、養殖業で2000億～8000億円の経済損失が生じる可能性があるという。

5-9 ノリ——養殖できる期間が短くなる?

「未来の寿司」に影を落としているのは、貝やウニなどの寿司ダネをめぐる懸念ばかりではない。巻き寿司の材料として欠かせないノリにも、温暖化の危機が迫っている。

夏のノリの意外な姿——まるでカビ!?

ノリ(アマノリ類)は紅藻《こうそう》類の海藻だ。

コンビニの棚に並ぶおにぎりや納豆巻き、ふりかけやせんべいに佃煮——。ノリは幅広い食品に使われ、私たちの暮らしに最も身近な海藻の一つだ(**写真5-35**)。しかし、海中のノリが、冬と夏とでまったく異なる姿をしていることは、あまり知られていない。

私たちがふだん口にしているノリは、秋から春にかけて成長する「葉状体《ようじょうたい》」を収穫したものだ(**写真5-36**)。一方、水温の高い時期には、ノリはカキなどの貝殻に入り込み、まるでカビのような外見の「糸状体《しじょうたい》」という姿で夏を越す(**写真5-37**)。

ノリの養殖では、カキ殻で育った糸状体から出るタネ(殻胞子)をノリ網に付着させる「タネ付け」という作業がおこなわれる。タネ付けをした網を海に張って秋から春先にかけて育成し、大きくなった葉状体を摘み取るというのが、養殖のおおまかな流れだ。

佐賀県や兵庫県などの名産地に比べれば小規模だが、大阪湾でもノリの養殖がおこなわれている。私は、ノリの養殖を始めて約40年になる西鳥取漁協（大阪府阪南市）の理事・名倉勲さんの舟に乗せてもらい、春先の養殖海域を訪ねた。ノリ網が設置されているのは大阪湾の南部海域で、漁港から舟で5分ほどの沖合にある。

海面下には幅が約1・5m、長さが約20mもあるノリ網が設置されている。かぎ爪のついた竹竿でノリ網の一角を海面から引っ張りあげると、15cmほどに伸びた褐色のスサビノリ（*Pyropia yezoensis*）が、びっしりとぶら下がっていた（**写真5－38**）。

圧迫される養殖スケジュール

ノリ網を海に張ることができるのは、秋に海水温が十分に下がってからだ。ところが近年、大阪湾では秋になっても水温が下がらず、ノリ養殖に影響が出ている。

大阪府立環境農林水産総合研究所の佐野雅基・主幹研究員によると、ノリ網を海に張って本格的な養殖（本張り）を始める時期は、1990年代前半の記録では11月中旬ごろだった。しかし近年は、11月下旬から12月上旬にずれ込むようになっている。名倉さんは「ノリ網の本張りをしてから、最初の刈り取りができるまでに2～3週間かかる。ノリの需要が多く、高く売れる正月

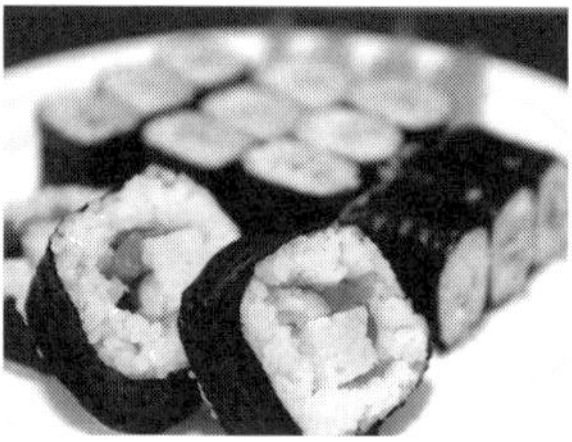

写真5-35
ノリは私たちの暮らしに身近な海藻だ（山本智之撮影）

写真5-36
スサビノリの「葉状体」（水産研究・教育機構提供）

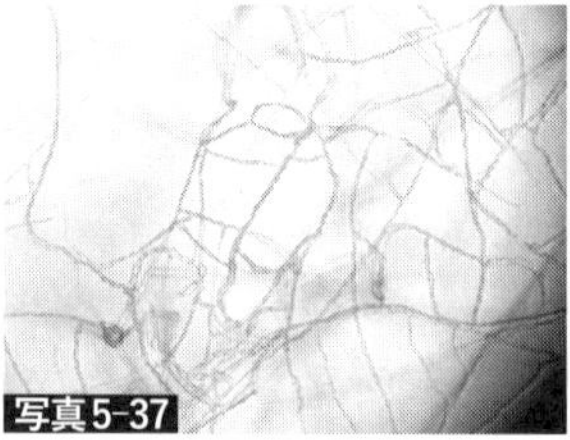

写真5-37
枝分かれしながら成長するスサビノリの「糸状体」（水産研究・教育機構提供）

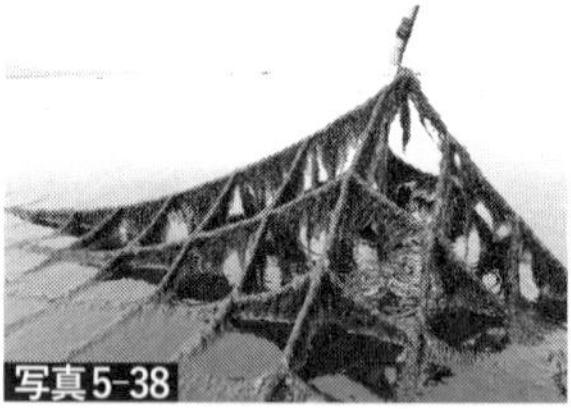

写真5-38
ノリ網の上で育つスサビノリ（大阪湾、山本智之撮影）

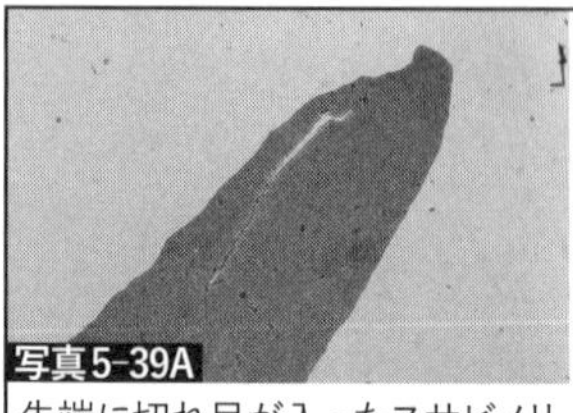

写真5-39A
先端に切れ目が入ったスサビノリ

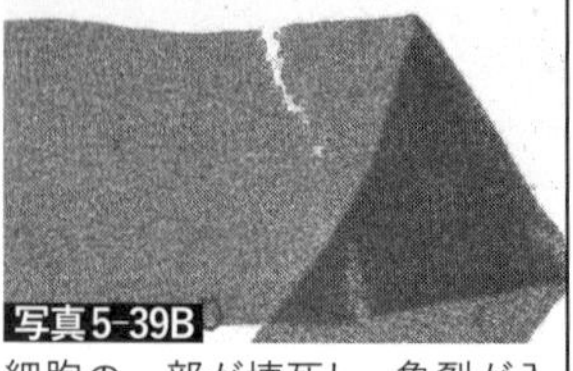

写真5-39B
細胞の一部が壊死し、亀裂が入ったスサビノリ

（いずれも大阪府立環境農林水産総合研究所）

シーズンに間に合わせるには、現状のスケジュールがもうギリギリ」と嘆息を漏らす。

ノリの葉状体が成長するのは、秋から翌年の春にかけての水温の低い時期だ。養殖の初期に高温などのストレスが加わると、生理障害が起きてノリの細胞の一部が壊死《えし》したり、亀裂が入ったりする「芽いたみ」という現象が起きやすくなる（**写真5－39A、B**）。

ノリの細胞が壊死すると、まず細胞質が流失する。持ちこたえられなくなった細胞壁も壊れ、ヒビが入る。このヒビが拡大することで、葉状体がちぎれてしまう。こうして、ノリの品質低下や成長の遅れを招く。無理をして早い時期に養殖をスタートすれば、ノリは生理障害を起こしやすくなり、「芽いたみ」が広がってしまう。養殖時期を遅らせざるを得ないのが現状なのだ。

「ノリを養殖できる期間が、昔よりも明らかに短くなっている。今後さらに海水温が1℃上がったら、養殖を続けるのは難しくなるだろう」（名倉さん）

海水温の上昇にともなう養殖期間の短期化は、大阪湾に限らず国内各地で報告されており、生産量を低下させる要因となっている。

温暖化によって将来、海水温がさらに上昇すると、大阪湾だけでなく、兵庫県などの瀬戸内海沿岸でも、年間を通してノリの生産に適した期間が短くなってしまうと予測されている。

ノリは、水温の低い季節に大きく成長する。瀬戸内海東部の播磨灘の場合、秋に水温が23℃以下になるのを目安に、タネ付けした網を海に張る「育苗」という作業を始める。育苗でノリの芽を2～3㎝ほどのサイズにまで育てた後、ノリ網を海に張って本格的な養殖をおこなう「本張り」へと移行する。こうして、冬から翌年の春を中心とした季節に収穫作業をするというスケジュールが基本になっている。

ところが、愛媛大学沿岸環境科学研究センターや瀬戸内海区水産研究所によるシミュレーションによると、温室効果ガスの排出が高いレベルで続くＲＣＰ８・５シナリオの場合、海水温が23℃以下になってノリの育苗を開始できる時期は、２０５０年代には現在よりも１ヵ月、２０９０年代には１ヵ月～１ヵ月半も遅れるという結果が出た。

ノリを育てて収穫できる期間が短くなる結果、ノリの生産量のさらなる低下につながると考えられる。

ノリの生産を低迷させる5つの要因

日本のノリの生産量は近年、減少傾向が目立つ。全国漁連のり事業推進協議会によると、１９９０年代から２０００年代の初めには国内の生産枚数が１００億枚を超える年もあった（１枚の規格は縦21㎝×横19㎝）。しかし、近年は80億枚を下回る年が相次ぎ、不作が深刻化している。２０１７年度は75・４億枚、２０１８年度は63・７億枚へと落ち込み、海苔《のり》製品の大手メーカーによる相次ぐ値上げにつながった。

水産研究・教育機構中央水産研究所の小林正裕・水産生命情報研究センター長は、ノリの生産量が減少した要因として、①高水温による漁期の短縮、②病害、③芽いたみ・魚による食害、④色落ち、そして、⑤これらに起因した収入減による生産者の減少、を挙げる。

高い水温にさらされると、ノリ芽に障害が生じるだけでなく、病害も発生しやすくなる。

ノリの「病害」については、有明海などで発生する「あかぐされ病」が挙げられる。原因はあかぐされ菌（*Pythium porphyrae*）だ。海水温が高かったり、大雨が降ってノリ漁場の塩分が低くなったりすると活発化し、病気が広がりやすくなる。あかぐされ病そのものは昔から存在し、有明海では1950年代にも発生の記録があるが、小林さんは「あかぐされ菌は海水温が12～24℃で活発化する。最近は秋になってもなかなか海水温が下がらず、蔓延のリスクが高くなった。この点でも、海の温暖化による影響が現れはじめている」と指摘する。

温暖化で海水温がさらに上昇すると、日本のノリの養殖にさまざまな面で悪影響を及ぼすと懸念される。

バラバラにした細胞を活用

こうした状況を受けて、農林水産省のプロジェクト研究が2013年度から5年計画で進められた。高い水温に耐えられる新品種のノリの実用化に向けて、水産研究・教育機構のグループが

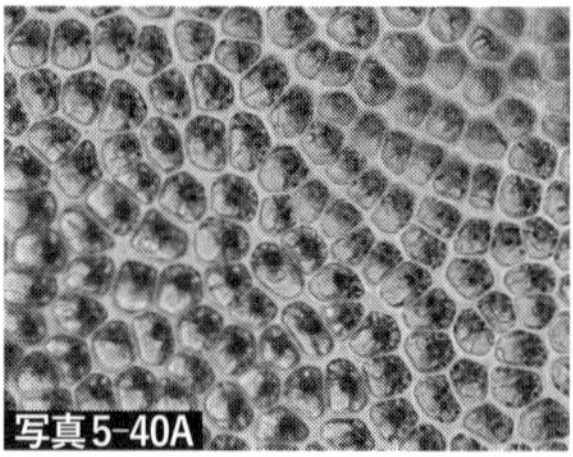
写真5-40A
ノリの葉状体の拡大写真。細胞がびっしりと並んでいる

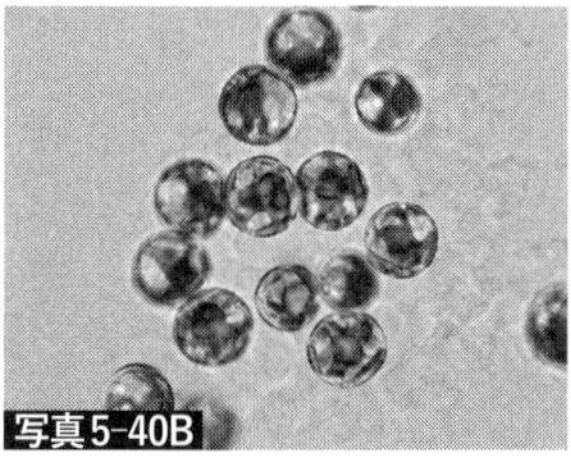
写真5-40B
酵素処理により細胞壁を除去したノリの「プロトプラスト」

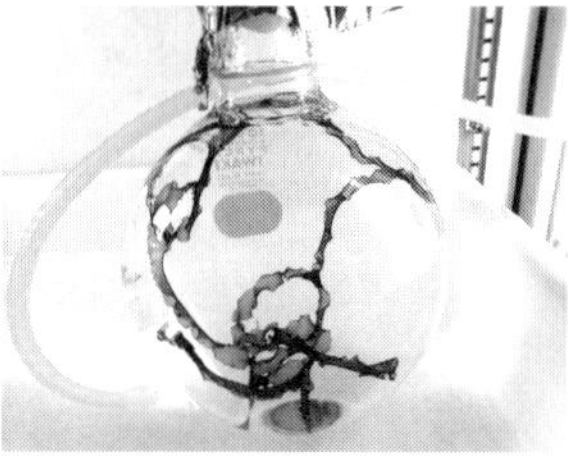
写真5-41
フラスコ内で通常の方法によって培養されたノリの葉状体
（いずれも水産研究・教育機構提供）

研究に取り組んだ。目標は、現在のノリ養殖開始の目安である水温23℃よりも1℃以上高い、「水温24℃以上」の条件下で2週間以上の育成が可能なノリだ。新品種づくりを目指した一連の研究では、ノリの細胞をいったんバラバラにしてから育てる技術が活用された。

植物細胞から細胞壁を取り除いた細胞を「プロトプラスト」（protoplast）という。研究グループは、ノリの細胞壁を酵素で溶かして除去し、プロトプラストを作成した。細胞壁には細胞どうしをつなぎ合わせる役割があり、取り除くとバラバラの状態になる。細胞膜に覆われただけの、いわば「裸の細胞」だ（**写真5-40A、B**）。

新たな品種をつくり出すには、たくさん

の株を選抜して試す必要がある。しかし、通常の方法では大量の株を管理して育てなければならず、大きな実験施設が必要になる。ノリの場合、ガラス製の培養フラスコ（1L）で育てられるのは3～5株にとどまるが（**写真5－41**）、プロトプラストなら一度に100万個前後をつくり出して選抜に用いることができる。寒天培地が入った直径6㎝ほどの小さなシャーレの中で育てることができるのも利点だ。シャーレはたくさん積み重ねて保存できるため、フラスコのように場所をとることもない。

最大のメリットは、ノリが大きく育つ前の細胞の段階で高水温にさらし、よく育つものだけを選び出す、といった使い方ができる点だ。プロトプラストを用いることで、ノリの「選抜実験」の大幅な効率化が期待できるのだ。葉状体に育つ前の、まだ小さな細胞の段階から高水温への耐性を調べはじめることができるため、通常に比べて実験期間を短縮することが可能だ。

研究グループはこれまでに、水温24℃でも育てられる「プロトプラスト高温選抜株」を2株、将来の実用化に向けた候補として選び出すことに成功した。

1℃の水温差が死活問題に

広く養殖に使われているスサビノリは、24℃の海水温にさらされると成長しなかったり、藻体にくびれやねじれが生じたりしてしまう。ノリの養殖において、1℃の水温差は非常に大きい。

今後の課題は、新品種の候補となったこれらの株が、実際の海域できちんと育ち、味や収穫量などが既存のノリ品種と太刀打ちできるレベルにあるかどうかを確認することだ。

２０１８年度から実際の海域で育てる実証試験が水産庁事業に採択され、岡山、熊本、福岡、愛知の４県と水産研究・教育機構が研究を開始した。

小林さんは「海の温暖化はどんどん進んでいる。手遅れになる前に、高水温に耐えられるノリの品種を実用化し、生産者の方々に使ってもらえるようにしたい」と語る。

5-10 温暖化とワカメ――「配偶体」を人工管理

ノリと並んで、日本人にとって身近な海藻であるワカメ（*Undaria pinnatifida*）。ふだん私たちが、味噌汁の具や酢の物などにして食べているのは、水温が低い冬から春の時期に大きく育つ、ワカメの「胞子体《ほうしたい》」だ（**写真5-42**）。

ワカメの茎の付け根付近には、ひだ状の「めかぶ」がある（**写真5-43**）。コリコリとした食感があり、刻んで味付けしたパック入りの製品がスーパーなどでよく売られている。めかぶは正式には「胞子葉《ほうしよう》」といい、ここで胞子（遊走子）がつくられる。

写真5-42
ワカメの胞子体（兵庫県水産技術センター提供）

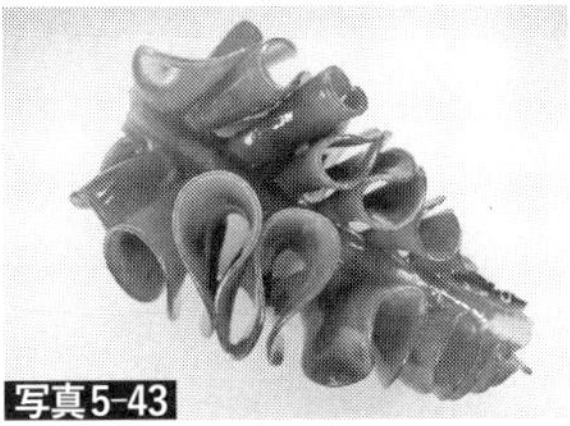

写真5-43
切り取ったワカメの「めかぶ」。正式には「胞子葉」という（山本智之撮影）

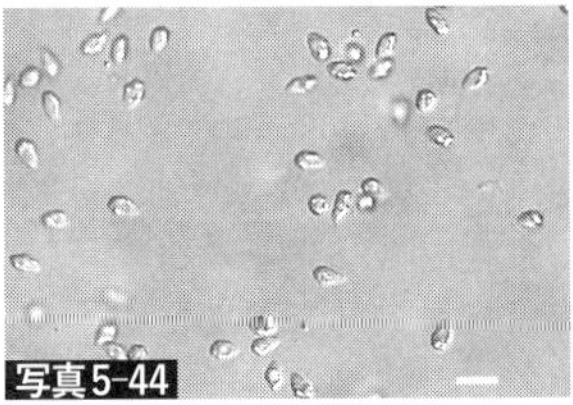

写真5-44
ワカメの遊走子。写真右下のスケールバーは10μm（神戸大・川井浩史さん提供）

遊走子は鞭毛をもっており、海水中を泳ぐ。その姿は、顕微鏡で観察することができる（**写真5－44**）。

ワカメの生活史を、ごく簡単におさらいしておこう。春にめかぶから放出された遊走子は、海底の岩などに付着し、微小な糸状の「配偶体」になる。配偶体にはオスとメスがあり、秋にはそれぞれ精子と卵をつくる。これが受精して受精卵となり、「芽《が》胞《ほう》体」という段階を経て、私たちがよく知るワカメの姿へと成長し、収穫されて食卓に届く。

養殖に必須の種苗づくりが難航

市場に流通する国産ワカメのなかには「天然もの」もあるが、近年は9割以上を「養殖ワカメ」が占めている。海外からの輸入品も含めて、ふだん私たちが口にするワカメは、そのほとんどが養殖ものだ。

兵庫県で養殖に使われるワカメは、めかぶから出る遊走子を陸上の水槽の中でタネ糸に付着させて芽を育て、秋に海水温が23℃に下がると、海へ「仮沖出し」をしてきた。ワカメのタネ糸は、「タネ枠」とよばれる数十㎝四方の長方形の枠に巻きつけてあり、仮沖出しでは、このタネ枠ごと海面に張ったロープにつるす。タネ糸上のワカメの芽が1～3㎝ほどに育ったところで、タネ糸を4㎝前後の長さに切って太いロープに挟み込み、海での「本養殖」を始める。

同県の場合、仮沖出しを終えたワカメの種苗を県外の業者から購入して養殖に使ってきたが、近年は、夏に気温が高すぎて陸上水槽の水温が上がり、ワカメの配偶体が弱ったり死んだりするケースが目立つようになった。

兵庫県水産技術センターの岡本繁好・主席研究員は「水槽内の水温が28℃を超すと、配偶体は死んでしまうことがある。たとえ死ななくても、高い水温にさらされることで、卵や精子が形成されにくくなったり、受精してもうまく育たなかったりといった悪影響が出る」と説明する。

前述のように、兵庫県のほぼすべてのワカメ養殖業者は、県外の業者から種苗を購入して養殖に使ってきたが、夏の気温上昇の影響で２０１０年ごろから種苗の不足が深刻化し、養殖に必要な量を安定的に確保しにくくなったという。

ビーカー育ちのワカメ!?

気温や海水温の上昇への対抗策として、兵庫県を含む各地のワカメ産地で今、注目を集めているのが「フリー配偶体」を使った種苗づくりだ。

一般的なワカメの種苗生産では、めかぶから放出された遊走子をタネ糸に付着させる。遊走子はタネ糸の上で、オスまたはメスの配偶体に育つ。これに対し、タネ糸などの「基質」に付着させずに培養した配偶体を「フリー配偶体」とよぶ。フリー配偶体は、ビーカーなどの小さな容器で大量に培養することができ、人工的に制御された環境下で保管することで、夏の厳しい暑さにさらすのを避けることも可能だ。

写真5-45
ビーカー内の小さな粒がワカメの「フリー配偶体」（山本智之撮影）

同センターの実験室の一角には、フリー配偶体を培養している装置（インキュベーター）が置かれている。装置の扉を開くと、500mLのビーカーが並んでいた。ビーカー内の海水には、黒っぽい色の粒がたくさん浮かんでいる。これが、ワカメのフリー配偶体だ。

細いホースを使って空気が吹き込まれ、海水ごと撹拌されたフリー配偶体が、ビーカー内をぐるぐると回転し続けていた（**写真5－45**）。

インキュベーター内部の気温は、20℃に設定されている。光の条件も人工的に制御し、一日に14時間、光を当てている。岡本さんによれば、「ずっと夏と同じ日照条件にしておくことで、配偶体の成熟が進まないようにするのがポイント」だ。

オスの配偶体とメスの配偶体は、別々に分けてある。環境を人工管理することで、それぞれが成熟して精子や卵をつくるのを防ぎ、まるで時間が止まったように保管できるのだ。

気温20℃の装置内でワカメのフリー配偶体を培養しておけば、陸上水槽のように猛暑の影響を受けることはなく、配偶体の活力が低下してしまう心配もない。秋に海水温が十分に下がってから仮沖出しをすることで、ワカメの種苗がうまく育たずに脱落してしまう「芽落ち」の被害を防ぐ、といった使い方もできる。

仮沖出しししたい時期に合わせて、フリー配偶体を保管する装置内の一日あたりの日照時間を、夏の条件（14時間）から秋の条件（10～12時間）へと短くして、配偶体を成熟、交配させる。大きさが2～3㎜の種苗に育ったところで、仮沖出しをおこなうという流れだ。

研究者から生産者への技術移転

兵庫県の場合、水産技術センターが中心となって、フリー配偶体を使ったワカメの養殖技術の普及・改良を進めてきた。二羽恭介・元兵庫県水産技術センター主席研究員（現・東京海洋大学准教授）らがワカメ生産者向けの研修会を開催し、遊走子をめかぶから取り出す方法や、顕微鏡を使ってオスとメスの配偶体を見分ける方法などの実習をおこなった。

一部の漁協では、自治体からの補助金等で研究室にあるようなインキュベーターなどの装置を導入し、センターで研修を受けて技術を学んだ生産者たちが、フリー配偶体を使ったワカメの種苗づくりを自分たちの手で少しずつ始めている。研究者からワカメの生産者へと技術を移転することで、温暖化が進行しても、ワカメ種苗を安定的に確保できるようにしようという試みだ。

ワカメのフリー配偶体をつくり出す技術自体は、１９６０年代にはすでに開発されていた。しかし、近年目立つようになった猛暑や海水温の上昇にともなって、技術の有用性が高まり、注目されるようになった。すでに国内の複数のワカメ産地でフリー配偶体を使ったワカメの種苗生産の取り組みがおこなわれている。

フリー配偶体の技術は、ワカメを養殖するうえでの「暑さ対策」に役立つが、じつは、新品種を効率的につくり出すための重要な手法でもある。先進地の徳島県では、実際に高水温に耐えられるワカメの新品種づくりに活用され、実績を挙げている。

「ブランドわかめ」に立ちはだかる危機

鳴門《なると》の渦潮で有名な徳島県には、ブランド水産物の「鳴門わかめ」がある。しっかりとした歯ごたえと豊かな風味が特徴だ。

徳島県のワカメ養殖は１９６０年代に鳴門市を中心に本格化し、１９７０年代には生産量が１万トンを超えた。しかし近年、その生産量には減少傾向が目立つ。１９９１年の時点では年間約1万５０００トンが収穫されていたが、２０１７年には５０００トンを切って４９９２トンとなった。ピーク時の３分の１にまで減少した計算だ。高齢化や後継者不足によってワカメの生産者が減ったことによる影響が大きく、海の栄養塩不足によるワカメの色落ち現象も影を落としているが、海水温の上昇も生産量を減らす一因になっている。

鳴門市沿岸の場合、ワカメ養殖で仮沖出しをする目安の23℃に海水温が下がる時期は、１９７３〜１９８９年の平均では10月15日だった。しかし、近年は海水温がなかなか下がらなくなり、２００６〜２０１５年の平均は10月21日と、１週間ほど遅くなっている。年によっては10月末ごろまでずれ込むようになった。ワカメの養殖期間が短くなったことが、生産量の減少につながっている。

近年はまた、いったん仮沖出しをした後になかなか水温が下がらず、タネ糸についていたワカメの種苗に「芽落ち」が起きやすくなっているという。

年を越した後も、高水温の影響は続く。鳴門市沿岸のデータで近年と１９７０〜80年代を比較すると、特に２月の後半から３月上旬にかけて、海水温が高い傾向が目立つ。ワカメの収穫の最盛期にあたり、水温が高いとワカメの成長速度は鈍化してしまう。その結果、以前に比べてワカメが大きく成長できず、これもまた収穫量の低下を招いている。

水温上昇によって育ちにくくなっていることに加え、もう一つ問題となっているのが、魚によるワカメの食害だ。水温が底上げされた影響で、アイゴやクロダイが活発にエサをとる期間が従来より長くなったと指摘されており、実際にワカメが食害されるようすが水中カメラを使った調査で確認されている。

ブレークスルーをもたらした天然ワカメ

海水温の上昇にともない、地元・徳島県の水産研究者たちには、「昔に比べてワカメがよく育たない」といったワカメ生産者の悩みが寄せられるようになった。

こうした声に応えるため、徳島県立農林水産総合技術支援センターは2010年から、「高水温に耐性のあるワカメの新品種」の研究に着手した。翌2011年にワカメの研究担当になったのが、棚田教生さんだ（**写真5－46**）。

2013年4月、棚田さんは徳島県阿南《あなん》市の沿岸で、天然ワカメの分布を調べるためスキューバ潜水をしていた。水深4mほどの海中の岩の上に生えていた、高さ約1・7mの立派なワカメが目に入った。葉が肉厚で、藻体の色が濃い。「この株は、品種改良に使えるかもしれない」

――そう直感したという。

同地点では当初、海中でのワカメ採集はしないつもりだったが、予定を変更してこの天然ワカメを研究室に持ち帰った。のちにそれが、研究のブレークスルーにつながる。

じつは、同センターではそれまで、鹿児島県や長崎県など九州地方のワカメを、徳島県のワカメと掛け合わせる研究をしていた。温暖な海域に分布するワカメと掛け合わせれば、高い水温に強い品種を生み出しやすいと考えたからだ。

しかし、ワカメの新品種づくりは、思うように進まなかった。たとえば、徳島県と鹿児島県のワカメを掛け合わせてできた株は、1・5mを超える大きさに育ったが、葉の表面になめらかさがなく、ゴワゴワした感じで、色もやや黄色っぽくなってしまった。

「単に高水温に強いだけでなく、品質面でも『鳴門わかめ』として通用することを目標に研究を続けた。ワカメの生産者のみなさんに納得してもらえるレベルの品質でないと、実際に養殖で使ってもらえませんから」と棚田さんは振り返る。

高水温に強く、成長も早い――待望の新品種の誕生

そうしたなか、新たな掛け合わせのために選ばれたのが、棚田さんが阿南市の海で偶然見つけた、あの立派な天然ワカメだった。

ワカメの遊走子は、オス／メスどちらかの配偶体に育つ。オスの配偶体とメスの配偶体を別々に分けて、フラスコで培養しておいたものを掛け合わせに用いれば、新たにつくった品種の遺伝的な親がはっきりする利点がある。同センターでは、岩やタネ糸などの基質に付着させずに培養した「フリー配偶体」を使って、ワカメの交雑実験を重ねてきた（**写真5－47**）。オスの配偶体とメスの配偶体を混ぜて成熟させ、精子と卵を受精させて新たな品種をつくる。

阿南市で見つかった天然ワカメの配偶体を使った養殖試験は、２０１３年秋に始まった。鳴門産ワカメ（早生品種）のメス配偶体と、阿南市産天然ワカメのオス配偶体を掛け合わせてできたのが、新品種の「ＮＴ株」だ。

通常の鳴門わかめは、長さが１～２cmの幼芽《ようが》の状態で25℃の水温にさらすと枯れてしまう。しかし、ＮＴ株の幼芽は、水温25℃の環境でも15日間、耐えて生き続けることが実験で確認された。しかも、この新品種は、従来の鳴門産ワカメ（早生品種）に比べて成長スピードも速く、収穫時の可食部の重

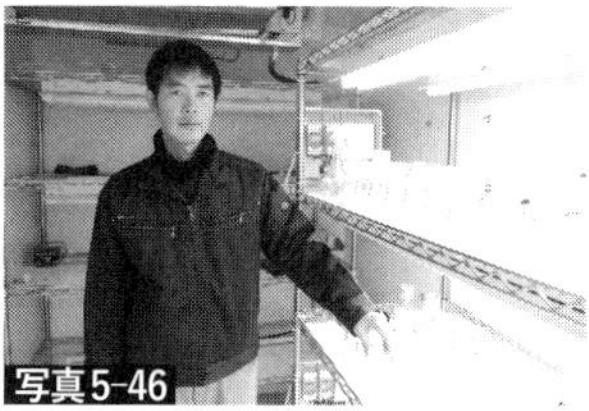

写真5-46
高水温に強いワカメの新品種開発に取り組んだ棚田教生さん

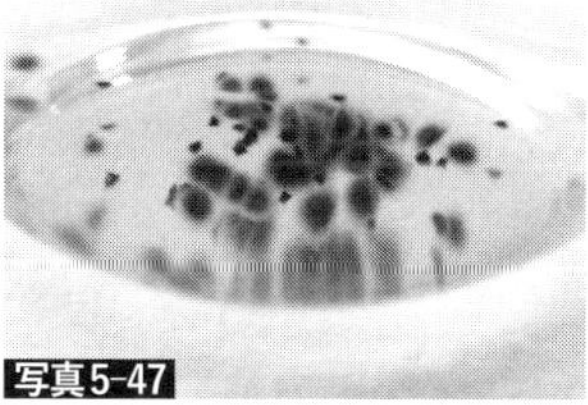

写真5-47
フラスコの底部の拡大写真。粒状に見えるのが配偶体

（いずれも山本智之撮影）

量が1・2〜2・1倍に達することがわかった（写真5－48）。
高水温に強く、成長するのも早い――。まさしく、徳島県の漁業者たちが待ち望んでいたワカメだった。

ワカメの養殖現場に導入進む

2013年度に養殖試験に協力した徳島県内のワカメ生産者は2軒だったが、2014年度には11軒、2015年度には25軒と、新品種「NT株」は、ワカメの生産現場に徐々に広がっていった。味や色つやは従来品種と同等の水準にあり、収穫された新品種ワカメは、製品化されて市場に流通するようになった（写真5－49）。

NT株のワカメを使う生産者は、2018年度には56軒にまで増加した。重量ベースで見ると、わずか5年ほどのあいだに、徳島県で生産される養殖ワカメ全体の2割ほどが、この新品種に置き換わった計算だ。

「温暖化の進行スピードは速く、現実は甘くない。海の環境は短期間で大きく変わりつつあり、将来を見越して新たなワカメ品種の開発をさらに進める必要がある」と棚田さんは語る。徳島県の研究チームは今後も、「気候変動に対応した品種改良」をテーマに、NT株よりもさらに高温に耐えられるワカメの新品種づくりをめざして研究を続ける方針という。

写真5-48
高水温に強く成長が早い新品種のワカメ（左）と従来品種（右）

写真5-49
商品化された新品種のワカメ

（いずれも徳島県水産研究課提供）

＊

高水温耐性のノリやワカメの研究開発にみられるように、変わりつつある海洋環境への対策は、まだ始まったばかりだ。

猛暑の頻発やサンゴの白化現象などを通じて、「目に見える」かたちで立ち現れつつある地球温暖化。そして、まだ目立った影響は見られないものの、将来、海の生態系を脅かすおそれがある海洋酸性化――。

本書を通じて見てきたように、両者のもたらす影響は、文字どおり水面下で複雑に絡み合いながら、日本の海洋生態系を大きく変えていく可能性がある。それは、豊富な海産資源をふんだんに採り入れてきた日本独自の食文化にも、影を落とすことになりそうだ。

観光資源としての海を楽しみ、四季折々の魚介類を食す文化を守っていくためになにができるのか――私たち一人ひとりが考えていく必要がある。

あとがき

この本は、講談社のホームページで計5回連載した「サンゴ礁からの警鐘」という科学コラムがきっかけで生まれました。書籍化に際して大幅に加筆し、あたたかい南の海のことだけでなく、氷が浮かぶ冷たい北の海にまで、視野を広げて構成しました。いくつかの話題については、公益財団法人森林文化協会発行の雑誌『グリーン・パワー』に執筆したコラムの内容も盛り込んでいます。

海は、地球の表面積の7割を占めています。私たちの命を支えてくれる豊かな海を、次の世代に伝えていくために、いまなにをするべきなのか。そして、変わりつつある海と今後、どうつきあっていけばいいのか。本書が、そういったことを考えるきっかけの一つになれば幸いです。

本の構想が決まってから2年と10ヵ月。講談社ブルーバックス編集部の倉田卓史さんには、いつも温かく励ましていただきました。そして、図版や写真の提供なども含めて、国内各地の大学や研究機関の50人を超す研究者の方々にご協力をいただきました（研究機関等の名称は原則として取材時のものです）。この場を借りて、心より御礼申し上げます。

２０２０年７月

山本智之

Macroalgal Beds Around the Ojika Islands, Nagasaki, Southwestern Japan. *Journal of Shellfish Research*, 32(1), 51-58.
45) 清本節夫，田川昌義，前田博謙，渡邉庄一，堀井豊充（2014）：五島列島北部小値賀町におけるマダカアワビ漁獲量推定の試み．水産増殖，62(3)，323-325.
46) 清本 節夫，村上 恵祐，木村 量，丹羽 健太郎，薄 浩則（2012）：アワビ類の資源管理・増殖に関する新たな研究展開1．異なる水温および給餌条件下における暖流系アワビの成熟と成長．日本水産学会誌，78(6)，1198-1201.
47) Kenji Sudo, Kentaro Watanabe, Norishige Yotsukura, Masahiro Nakaoka(2019): Predictions of kelp distribution shifts along the northern coast of Japan. *Ecological Research*, DOI: 10. 1111/1440-1703. 12053.
48) Shintaro Takao, Naoki H Kumagai, Hiroya Yamano, Masahiko Fujii, Yasuhiro Yamanaka(2015): Projecting the impacts of rising seawater temperatures on the distribution of seaweeds around Japan under multiple climate change scenarios. *Ecology and Evolution*, 5(1), 213-223.
49) Naoki H. Kumagai, Jorge García Molinos, Hiroya Yamano, Shintaro Takao, Masahiko Fujii, Yasuhiro Yamanaka(2018): Ocean currents and herbivory drive macroalgae-to-coral community shift under climate warming. *PNAS*, 115(36), 8990-8995.
50) 吉村拓，八谷光介，清本節夫（2015）：小型海藻藻場の重要性と磯焼け域におけるその回復の試み．水産工学，51(3)，239-245.
51) 藤井賢彦（2018）：海洋酸性化が日本の沿岸社会に及ぼす影響評価，特集 海洋酸性化と地球温暖化に対する沿岸・近海域の生態系の応答．月刊海洋，50(5)，208-216.
52) 棚田教生（2016）：フリー配偶体を用いたワカメの実用規模種苗生産法および高水温耐性品種の開発．海洋と生物，38(4)，464-471.

【報告書等】

1) IPCC(2018)「Global Warming of 1.5℃」(1.5℃特別報告書)
2) IPCC(2019)「Special Report on the Ocean and Cryosphere in a Changing Climate」(海洋・雪氷圏特別報告書)
3) 気象庁（2017）「地球温暖化予測情報　第9巻」
4) 気象庁（2018）「気候変動監視レポート2017」
5) IPCC(2013-2014)「Fifth Assessment Report」(IPCC第5次評価報告書)
6) 環境省・文部科学省・農林水産省・国土交通省・気象庁（2018）「気候変動の観測・予測及び影響評価統合レポート2018 ～日本の気候変動とその影響～」
7) 気象庁（2015）「異常気象レポート2014」
8) 山崎誠・鴨志田正晃（2018）「アワビ類の生態に基づく資源管理・増殖」
9) 水産研究・教育機構（2018）「おさかな瓦版 No. 86 イセエビ」
10) 水産研究・教育機構（2017）「FRA NEWS Vol. 53 ノリの研究」

【書籍】

1) 山本智之（2015）『海洋大異変　日本の魚食文化に迫る危機』朝日新聞出版
2) 鈴木款・大葉英雄・土屋誠（2011）『サンゴ礁学—未知なる世界への招待』東海大学出版会
3) 佐々木猛智（2010）『貝類学』東京大学出版会
4) 奥谷喬司（1997）『貝のミラクル—軟体動物の最新学』東海大学出版会
5) 山城秀之（2016）『サンゴ　知られざる世界』成山堂書店
6) 花輪公雄（2017）『海洋の物理学』共立出版
7) 日本魚類学会（2018）『魚類学の百科事典』丸善出版
8) 日本ベントス学会（2012）『干潟の絶滅危惧動物図鑑—海岸ベントスのレッドデータブック』東海大学出版会
9) 和田恵次（2017）『日本のカニ学　川から海岸までの生態研究史』東海大学出版部
10) 今井一郎・山口峰生・松岡數充 編（2016）『有害有毒プランクトンの科学』恒星社厚生閣
11) 水産総合研究センター（2009）『地球温暖化とさかな』成山堂書店
12) 中坊徹次 編（2013）『日本産魚類検索 全種の同定 第三版』東海大学出版会
13) 帰山雅秀（2018）『サケ学への誘い』北海道大学出版会
14) 日本海洋学会 編（2017）『海の温暖化 —変わりゆく海と人間活動の影響—』朝倉書店
15) 奥谷喬司（2017）『日本近海産貝類図鑑 第二版』東海大学出版部

【ウェブサイト】

1) 気象庁「海洋の健康診断表」（https://www.data.jma.go.jp/kaiyou/shindan/）
2) 神奈川県立生命の星・地球博物館、国立科学博物館「魚類写真資料データベース」（http://fishpix.kahaku.go.jp/fishimage/）
3) 厚生労働省「自然毒のリスクプロファイル」（https://www.mhlw.go.jp/stf/seisakunitsuite/bunya/kenkou_iryou/shokuhin/syokuchu/poison/index.html）
4) 水産庁、水産研究・教育機構「わが国周辺の水産資源の現状を知るために」（http://abchan.fra.go.jp/ ）
5) 水産庁、水産研究・教育機構「国際漁業資源の現況」（http://kokushi.fra.go.jp/ ）

speciation. *Marine Biology*, 164, 90.

24) Pierre Friedlingstein. *et al.* (2019)：Global Carbon Budget 2019. *Earth System Science Data*, 11, 1783-1838.

25) Haruko Kurihara, Shoji Kato, Atsushi Ishimatsu (2007)：Effects of increased seawater pCO_2 on early development of the oyster *Crassostrea gigas*. *AQUATIC BIOLOGY*, 1, 91-98.

26) Haruko Kurihara, Masaaki Matsui, Hiroko Furukawa, Masahiro Hayashi, Atsushi Ishimatsu (2008)：Long-term effects of predicted future seawater CO_2 conditions on the survival and growth of the marine shrimp *Palaemon pacificus*. *Journal of Experimental Marine Biology and Ecology*, 367 (1), 41-46.

27) Haruko Kurihara, Takamasa Asai, Shoji Kato, Atsushi Ishimatsu (2008)：Effects of elevated pCO_2 on early development in the mussel *Mytilus galloprovincialis*. *AQUATIC BIOLOGY*, 4, 225-233.

28) Haruko Kurihara (2008)：Effects of CO_2-driven ocean acidification on the early developmental stages of invertebrates. *Marine Ecology Progress Series*, 373, 275-284.

29) Haruko Kurihara, Rui Yin, Gregory N. Nishihara, Kiyoshi Soyano, Atsushi Ishimatsu (2013)：Effect of ocean acidification on growth, gonad development and physiology of the sea urchin *Hemicentrotus pulcherrimus*. *AQUATIC BIOLOGY*, 18, 281-292.

30) S. Iwasaki, K. Kimoto, O. Sasaki, H. Kano, H. Uchida (2019)：Sensitivity of planktic foraminiferal test bulk density to ocean acidification. *Scientific Reports*, 9, 9803.

31) Catherine V. Davis, Emily B. Rivest, Tessa M. Hill, Brian Gaylord, Ann D. Russell, Eric Sanford (2017)：Ocean acidification compromises a planktic calcifier with implications for global carbon cycling. *Scientific Reports*, 7, 2225.

32) Nina Bednaršek. *et al.* (2020)：Exoskeleton dissolution with mechanoreceptor damage in larval Dungeness crab related to severity of present-day ocean acidification vertical gradients. *Science of The Total Environment*, 716, 136610.

33) Sylvain Agostini, Shigeki Wada, Koetsu Kon, Akihito Omori, Hisanori Kohtsuka, Hiroyuki Fujimura, Yasutaka Tsuchiya, Toshihiko Sato, Hideo Shinagawa, Yutaro Yamada, Kazuo Inaba (2015)：Geochemistry of two shallow CO_2 seeps in Shikine Island (Japan) and their potential for ocean acidification research. *Regional Studies in Marine Science*, 2, 45-53.

34) S. Agostini, B. P. Harvey, S. Wada, K. Kon, M. Milazzo, K. Inaba, J. M. Hall-Spencer (2018)：Ocean acidification drives community shifts towards simplified non-calcified habitats in a subtropical-temperate transition zone. *Scientific Reports*, 8, 11354.

35) 和田茂樹，アゴスティーニ シルバン (2017)：沿岸の一次生産者に対する海洋酸性化の影響：CO_2シープにおける生態系の変化. 地球化学, 51, 195-205.

36) B. P. Harvey, S. Agostini, S. Wada, K. Inaba, J. M. Hall-Spencer (2018)：Dissolution：The Achilles' Heel of the Triton Shell in an Acidifying Ocean. *Frontiers in Marine Science*, 5, 371.

37) Shihori Inoue, Hajime Kayanne, Shoji Yamamoto, Haruko Kurihara (2013)：Spatial community shift from hard to soft corals in acidified water. *Nature Climate Change*, 3, 683-687.

38) Y. Yara, M. Vogt, M. Fujii, H. Yamano, C. Hauri, M. Steinacher, N. Gruber, Y. Yamanaka (2012)：Ocean acidification limits temperature-induced poleward expansion of coral habitats around Japan. *Biogeosciences*, 9, 4955-4968.

39) Miho Ishizu, Yasumasa Miyazawa, Tomohiko Tsunoda, Tsuneo Ono (2019)：Long-term trends in pH in Japanese coastal seawater. *Biogeosciences*, 16, 4747-4763.

40) Michiyo Yamamoto-Kawai, Natsuko Kawamura, Tsuneo Ono, Naohiro Kosugi, Atsushi Kubo, Masao Ishii, Jota Kanda (2015)：Calcium carbonate saturation and ocean acidification in Tokyo Bay, Japan. *Journal of Oceanography*, 71, 427-439.

41) Shingo Kimura, Yoshiki Kato, Takashi Kitagawa, Naoki Yamaoka (2010)：Impacts of environmental variability and global warming scenario on Pacific bluefin tuna (*Thunnus orientalis*) spawning grounds and recruitment habitat. *Progress in Oceanography*, 86, 39-44.

42) 柴野良太，藤井賢彦，山中康裕，山野博哉，髙尾信太郎 (2014)：北海道における沿岸水温環境とホタテガイ漁獲量の時空間変動解析. 水産海洋研究, 78 (4), 259-267.

43) 清本 節夫，渡邉 庄一，前野 幸男，吉村 拓，玉置 昭夫 (2019)：海藻群落の優占種の差異がクロアワビとメガイアワビの再生産と成長に与える影響. 水産増殖, 67 (1), 65-79.

44) Setuo Kiyomoto, Masanori Tagawa, Yoshiyuki Nakamura, Toyomitsu Horii, Shouichi Watanabe, Takashi Tozawa, Kousuke Yatsuya, Taku Yoshimura, Akio Tamaki (2013)：Decrease of Abalone Resources with Disappearance of

引用・参考文献一覧

【論文・総説】

1) Takeo Hama. *et al.* (2016): Response of a phytoplankton community to nutrient addition under different CO_2 and pH conditions. *Journal of Oceanography*, 72, 207-223.

2) 山野博哉, 北野裕子, 阿部博哉, 細川卓, 田中誠士, 小林裕幸, 山本智之(2019): 高水温が引き起こした白化現象によるサンゴ礁の衰退:沖縄県石西礁湖と八重干瀬における航空機観測. 日本リモートセンシング学会誌, 39, 393-398.

3) Joana Figueiredo, Andrew H. Baird, Saki Harii & Sean R. Connolly(2014): Increased local retention of reef coral larvae as a result of ocean warming. *Nature Climate Change*, 4, 498-502.

4) Terry P. Hughes. *et al.* (2018): Spatial and temporal patterns of mass bleaching of corals in the Anthropocene. *Science*, 359 (6371), 80-83.

5) Reiji Masuda(2008): Seasonal and interannual variation of subtidal fish assemblages in Wakasa Bay with reference to the warming trend in the Sea of Japan. *Environmental Biology of Fishes*, 82, 387-399.

6) 野村恵一(2009): 和歌山県串本海域における近年のサンゴ群集変化. 日本サンゴ礁学会誌, 11, 39-49.

7) Hiroya Yamano, Kaoru Sugihara, Keiichi Nomura(2011): Rapid poleward range expansion of tropical reef corals in response to rising sea surface temperatures. *Geophysical Research Letters*, 38, L04601, doi: 10. 1029/2010GL046474.

8) 渡部哲也, 淀真理, 木邑聡美, 野元彰人, 和田恵次(2012): 近畿地方中南部沿岸域におけるスナガニ属4種の分布—2002年と2010年の比較—. 地域自然史と保全, 34(1), 27-36.

9) 渡部哲也, 淀真理, 木邑聡美, 野元彰人, 和田恵次(2018): 砂浜性スナガニ類の関東以南太平洋岸における分布. *Cancer*, 27, 7-16.

10) 和田年史, 和田恵次(2015): ナンヨウスナガニ(スナガニ科)の日本海沿岸からの初記録. *Cancer*, 24, 15-19.

11) 高田宜武, 和田恵次(2011): ツノメガニ(スナガニ科)の日本海沿岸からの初記録. *Cancer*, 20, 5-8.

12) 田中宏典, 柴垣和弘, 池澤広美, 金澤礼雄, 和田恵次(2004): 伊豆半島, 青野川で出現したシオマネキ類2種について. 日本ベントス学会誌, 59, 8-12.

13) Misuzu Aoki, Yoko Watanabe, Hideyuki Imai, Mahito Kamada, Keiji Wada(2010): Interpopulation Variations in Life History Traits in the Fiddler Crab *UCA Arcuata*. *JOURNAL OF CRUSTACEAN BIOLOGY*, 30(4), 607-614.

14) 柚原剛, 相澤敬吾(2016): 東京湾小櫃川河口干潟で確認されたシオマネキ:軟甲綱十脚目スナガニ科. 千葉生物誌, 65(2), 52-54.

15) 長井 敏, 小谷 祐一, 板倉 茂(2008): 熱帯性の有毒プランクトンの新たな出現と貝類の毒化問題. 日本水産学会誌, 74(5), 880-883.

16) Tomohiro Nishimura, Wittaya Tawong, Hiroshi Sakanari, Takuji Ikegami, Keita Uehara, Daiki Inokuchi, Masatoshi Nakamura, Takuya Yoshioka, Shota Abe, Haruo Yamaguchi, Masao Adachi(2018): Abundance and seasonal population dynamics of the potentially ciguatera-causing dinoflagellate *Gambierdiscus* in Japanese coastal areas between 2007 and 2013. *Plankton and Benthos Research*, 13 (2), 46-58.

17) 黒木洋明(2010): マアナゴの産卵場と仔魚の接岸回遊機構. 月刊海洋, 51(1), 10-16.

18) Shin-ichi Ito, Takeshi Okunishi, Michio J. Kishi, Muyin Wang(2013): Modelling ecological responses of Pacific saury (*Cololabis saira*) to future climate change and its uncertainty. *ICES Journal of Marine Science*, 70(5), 980-990.

19) Masahide Kaeriyama, Hyunju Seo, Hideaki Kudo, Mitsuhiro Nagata(2012): Perspectives on wild and hatchery salmon interactions at sea, potential climate effects on Japanese chum salmon, and the need for sustainable salmon fishery management reform in Japan. *Environmental Biology of Fishes*, 94(1), 165-177.

20) 帰山雅秀(2019): サケ属魚類の持続可能な資源管理にむけた生態学的研究. 日本水産学会誌, 85(3), 266-275.

21) 浜口昌巳, 林芳弘, 山下樹徹(2017): イタボガキ科 *Saccostrea* sp. non-*mordax* lineage E の国内初記録. 南紀生物, 59, 42-45.

22) Masami Hamaguchi, Miyuki Manabe, Naoto Kajihara, Hiromori Shimabukuro, Yuji Yamada, Eijiro Nishi(2017): DNA barcoding of flat oyster species reveals the presence of *Ostrea stentina* Payraudeau, 1826 (Bivalvia: Ostreidae) in Japan. *Marine Biodiversity Records*, 10, 4.

23) Hiroshi Takahashi, Airi Toyoda, Taku Yamazaki, Shusaku Narita, Tsuyoshi Mashiko, Yukio Yamazaki(2017): Asymmetric hybridization and introgression between sibling species of the pufferfish *Takifugu* that have undergone explosive

【ま行】

【や行】

【ら・わ行】

【な行】

【は行】

【た行】

【か行】

【さ行】

さくいん

N.D.C.452　302p　18cm

ブルーバックス　B-2148

温暖化《おんだんか》で日本《にほん》の海《うみ》に何《なに》が起《お》こるのか
水面下で変わりゆく海の生態系

2020年 8 月20日　第 1 刷発行

著者　山本智之《やまもとともゆき》

発行者　渡瀬昌彦
発行所　株式会社講談社
〒112-8001　東京都文京区音羽2-12-21
電話　出版　03-5395-3524
販売　03-5395-4415
業務　03-5395-3615
印刷所　（本文印刷）株式会社新藤慶昌堂
（カバー表紙印刷）信毎書籍印刷株式会社
製本所　株式会社国宝社

定価はカバーに表示してあります。

ISBN978－4－06－520676－8

発刊のことば

科学をあなたのポケットに

二十世紀最大の特色は、それが科学時代であるということです。科学は日に日に進歩を続け、止まるところを知りません。ひと昔前の夢物語もどんどん現実化しており、今やわれわれの生活のすべてが、科学によってゆり動かされているといっても過言ではないでしょう。

そのような背景を考えれば、学者や学生はもちろん、産業人も、セールスマンも、ジャーナリストも、家庭の主婦も、みんなが科学を知らなければ、時代の流れに逆らうことになるでしょう。

ブルーバックス発刊の意義と必然性はそこにあります。このシリーズは、読む人に科学的に物を考える習慣と、科学的に物を見る目を養っていただくことを最大の目標にしています。そのためには、単に原理や法則の解説に終始するのではなくて、政治や経済など、社会科学や人文科学にも関連させて、広い視野から問題を追究していきます。科学はむずかしいという先入観を改める表現と構成、それも類書にないブルーバックスの特色であると信じます。

一九六三年九月

野間省一

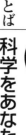